中等职业教育电子类专业系列教材

单片机应用技术

DANPIANJI YINGYONG JISHU

主 编 杨清德 尹 金 周达王
副主编 韩光勇 刘恩飞
参 编 李 灵 李春燕 丁汝铃 詹永安 杨 松
李建芬 詹 雪

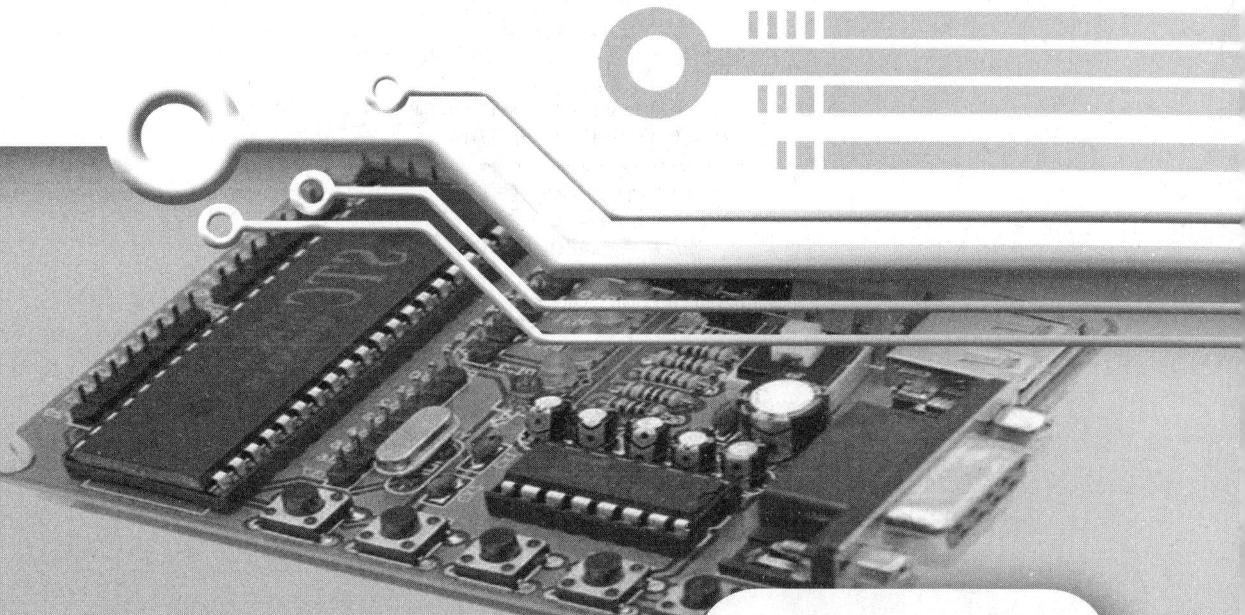

重庆大学出版社

内容提要

本书共6个项目25个任务，以电子烟花等具有实际应用价值的电路为载体，介绍STC8A8K系列单片机在实际生产中的简单应用，为中等职业学校学生继续学习和了解多种工业生产过程控制系统奠定基础。

本书根据教育部最新颁布的单片机原理及应用课程标准，结合中等职业教育人才培养方案的要求编写而成。本书可以作为中等职业学校电子与信息技术类专业及相关专业的教材，也可以作为单片机技术人员岗位培训教材以及自学用书。

图书在版编目(CIP)数据

单片机应用技术 / 杨清德，尹金，周达王主编. --重庆：重庆大学出版社，2023.7

中等职业教育电子类专业系列教材

ISBN 978-7-5689-4055-9

Ⅰ.①单… Ⅱ.①杨… ②尹… ③周… Ⅲ.①单片微型计算机-中等专业学校-教材 Ⅳ.①TP368.1

中国国家版本馆CIP数据核字(2023)第127001号

中等职业教育电子类专业系列教材

单片机应用技术

主 编 杨清德 尹 金 周达王

副主编 韩光勇 刘恩飞

策划编辑：陈一柳

责任编辑：张红梅 版式设计：黄俊棚

责任校对：关德强 责任印制：赵 晟

*

重庆大学出版社出版发行

出版人：饶帮华

社址：重庆市沙坪坝区大学城西路21号

邮编：401331

电话：(023) 88617190 88617185(中小学)

传真：(023) 88617186 88617166

网址：http://www.cqup.com.cn

邮箱：fxk@ cqup.com.cn (营销中心)

全国新华书店经销

重庆新荟雅科技有限公司印刷

*

开本：787mm×1092mm 1/16 印张：16 字数：381千

2023年7月第1版 2023年7月第1次印刷

ISBN 978-7-5689-4055-9 定价：39.00元

重庆市中职电类专业教材编写/修订委员会和成员单位

名　单

重庆市九龙坡区职业教育中心
重庆市育才职业教育中心
重庆巫山县职业教育中心
重庆市云阳职业教育中心
重庆市梁平职业教育中心
重庆彭水县职业教育中心
重庆市荣昌区职业教育中心
重庆市潼南恩威职业高级中学校
重庆市龙门浩职业中学校
重庆市奉节职业教育中心
重庆秀山县职业教育中心
重庆市北碚职业教育中心
重庆市巫山县职业教育中心
重庆市大足职业教育中心
重庆市渝中职业教育中心
重庆梁平职业技术学校
重庆市涪陵第一职业中学校
重庆立信职业教育中心
重庆市万州高级技工学校
重庆市武隆平桥中学
重庆市龙门浩职业中学
重庆公共交通职业学校
重庆市农业机械化学校
重庆市江南职业学校
重庆市经贸中等专业学校
重庆市轻工业学校
重庆市黔江区民族职业教育中心
重庆武隆区职业教育中心
重庆綦江区职业教育中心
重庆市铜梁职业教育中心
重庆市开州区职业教育中心
重庆市南川隆化职业中学校
重庆市巫溪县职业教育中心
重庆市万盛职业教育中心
重庆市城口县职业教育中心
重庆市潼南职业教育中心
重庆市忠县职业教育中心
重庆市巴南职业教育中心
重庆市酉阳职业教育中心
重庆璧山职业教育中心
重庆市武隆火炉中学
重庆市綦江区三江中学
重庆机械高级技工学校

前　言

单片机的全称为单片微型计算机(Single Chip Microcomputer)，又称为微控制单元(Microcontroller Unit，MCU)。单片机控制系统能够取代以前利用复杂电子线路或数字电路构成的控制系统,可用软件控制来实现。近年来,单片机在通信产品、家用电器、智能仪器仪表等领域的应用越来越广,从根本上改变了传统的控制方法和设计思想,这是控制技术的一次革命。尽管单片机的品种很多,性能各具特色,但 51 单片机占比极大,尤其是 80C51 单片机在目前的电子系统中仍然发挥着不可替代的作用。江苏国芯科技有限公司生产的 STC 系列单片机,在兼容传统 80C51 的基础上扩大了其程序存储器和内部可读写存储器,同时还具有丰富的接口电路、功能模块。本书以 STC8A8K 系列单片机和Keil C51 集成开发环境为硬件和软件平台,介绍单片机的应用实例,帮助学习者掌握单片机控制系统的思路及方法。

本书以具有实际应用价值的电路为载体,融入单片机控制系统的设计和编程方法。本书共 6 个项目 25 个任务,包括认识单片机、电子烟花、数字时钟、广告屏、智能窗帘、智能风扇,具体内容安排如下。

项目名称	任务名称	知识与技能
项目一　认识单片机	任务一　初识单片机	1.认识单片机的外形； 2.掌握单片机引脚的分布； 3.熟悉单片机编程软件的使用方法； 4.掌握单片机仿真软件的使用方法； 5.掌握单片机下载程序的方法
	任务二　Keil C51 软件安装与使用	
	任务三　Proteus 软件安装与使用	
	任务四　下载程序	
项目二　电子烟花	任务一　点亮一个 LED	1.熟悉发光二极管与 P0—P3 端口的连接； 2.熟悉定时器/计数器单片机的软件； 3.理解 for 循环、while 循环、do while 循环； 4.了解单片机 PWM 调光的方法； 5.了解单片机中断的工作机制
	任务二　一个 LED 灯闪烁	
	任务三　流水灯	
	任务四　蜂鸣器模拟声音	
	任务五　制作电子烟花	

续表

项目名称	任务名称	知识与技能
项目三　数字时钟	任务一　控制一位数码管显示	1.理解并掌握数码管显示原理； 2.掌握动态显示原理； 3.能够运用数组实现数码管控制
	任务二　制作 10 秒计时器	
	任务三　控制八位数码管显示	
	任务四　矩阵键盘键值显示	
	任务五　制作数字时钟	
项目四　广告屏	任务一　点亮点阵一个点	1.熟悉点阵显示原理； 2.熟悉点阵显示图形原理； 3.熟悉点阵显示文字原理； 4.熟悉芯片 SN74HC595DR 的工作原理
	任务二　显示一个汉字	
	任务三　显示多个汉字	
项目五　智能窗帘	任务一　步进电机的控制	1.熟悉步进电机的控制方法； 2.熟悉 LCD1602 的操作方法； 3.掌握 I2C 协议通信的方法
	任务二　LCD1602 显示步进电机的状态	
	任务三　光照度的采集与显示	
	任务四　制作智能窗帘	
项目六　智能风扇	任务一　直流电机的控制	1.熟悉继电器工作原理； 2.熟悉继电器控制原理； 3.熟悉继电器控制操作方式； 4.熟悉 OLED 屏显示原理； 5.熟悉直流电机工作原理； 6.熟悉温度采集原理
	任务二　OLED 屏显示电机状态	
	任务三　温度的采集与显示	
	任务四　制作智能风扇	

本书根据电子与信息技术类人才培养方案，结合中等职业学校学生的特点，将理论知识融入技能操作中，先做后学，理论讲述放在任务的后面。依据实际功能电路进行课程内容的整合，知识、技能从浅到深，符合中等职业学校学生的认知规律。

全书参考学时 120 学时。如果分散排课，建议每周 6 学时；如果集中上课，建议用 3 周。

本书由杨清德、尹金、周达王担任主编，韩光勇、刘恩飞担任副主编。其中，项目一和项目二由尹金、周达王、丁汝铃编写，项目三由李灵、詹永安编写，项目四由刘恩飞、李建芬编写，项目五由李春燕、杨松编写，项目六由韩光勇、詹雪编写。全书电路设计由尹金完成，全书编写大纲拟定及统稿由杨清德完成。

本书在编写过程中得到了重庆市垫江县职业教育中心、重庆工商学校、浙江省瑞安市职业中等专业教育集团学校等单位领导的关心和支持，得到了重庆市中职电类专业中心教研组全体专家的精心指导，在此一并表示衷心感谢。本书部分图片来自网络，在此向图片的原创者表示感谢。

限于编者水平，书中难免有错误或不妥之处，恳请广大读者批评指正。

编　者

2023 年 1 月

Contents 目录

项目一

认识单片机

目前单片机的应用越来越广泛，已渗透到我们生活的各个领域，如图1-0-1所示。

（a）广告灯　　（b）数字日历　　（c）温湿度传感器

图1-0-1　单片机的应用

【知识目标】

（1）认识单片机的外形。
（2）掌握单片机引脚的分布。
（3）熟悉单片机编程软件的使用方法。
（4）掌握单片机仿真软件的使用方法。
（5）掌握单片机下载程序的方法。

【能力目标】

（1）会识别单片机。
（2）会区分单片机的各引脚功能。
（3）会单片机编程软件的基本操作。
（4）能使用单片机仿真软件进行单片机仿真。
（5）能正确使用单片机程序下载软件。

【情感态度】

（1）形成仔细观察、认真分析的科学思想。
（2）培养善于交流、合作的团队意识和不断创新的精神。

任务一　初识单片机

任务引入

要学会使用单片机,先要认识单片机的外形,掌握单片机的引脚分布、引脚功能和实际电路连接。单片机的种类很多,我们以具有 64 只引脚的 STC8A8K60S4 单片机为例进行学习。下面通过一个控制电路来掌握它们。控制电路图如图 1-1-1 所示。

任务要求

(1)会区分不同的单片机芯片。

(2)能快速找出芯片的引脚。

(3)会画简单的控制原理图。

准备工作

(1)器材准备:芯片 STC8A8K 系列单片机 2 块。

(2)工具准备:白色 A4 纸 1 张、作图工具 1 套、笔 1 支。

作业流程图

器材准备好后请按图 1-1-2 进行作业。

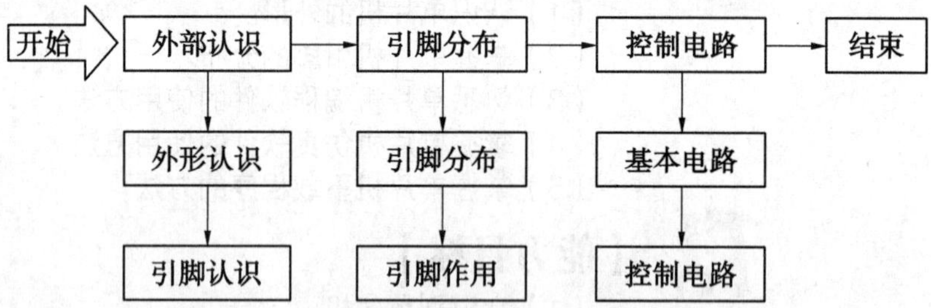

图 1-1-2　任务作业流程图

作业过程

1.认识单片机外形

将两个 STC8A8K64S4A12 单片机按如图 1-1-3 所示摆放。

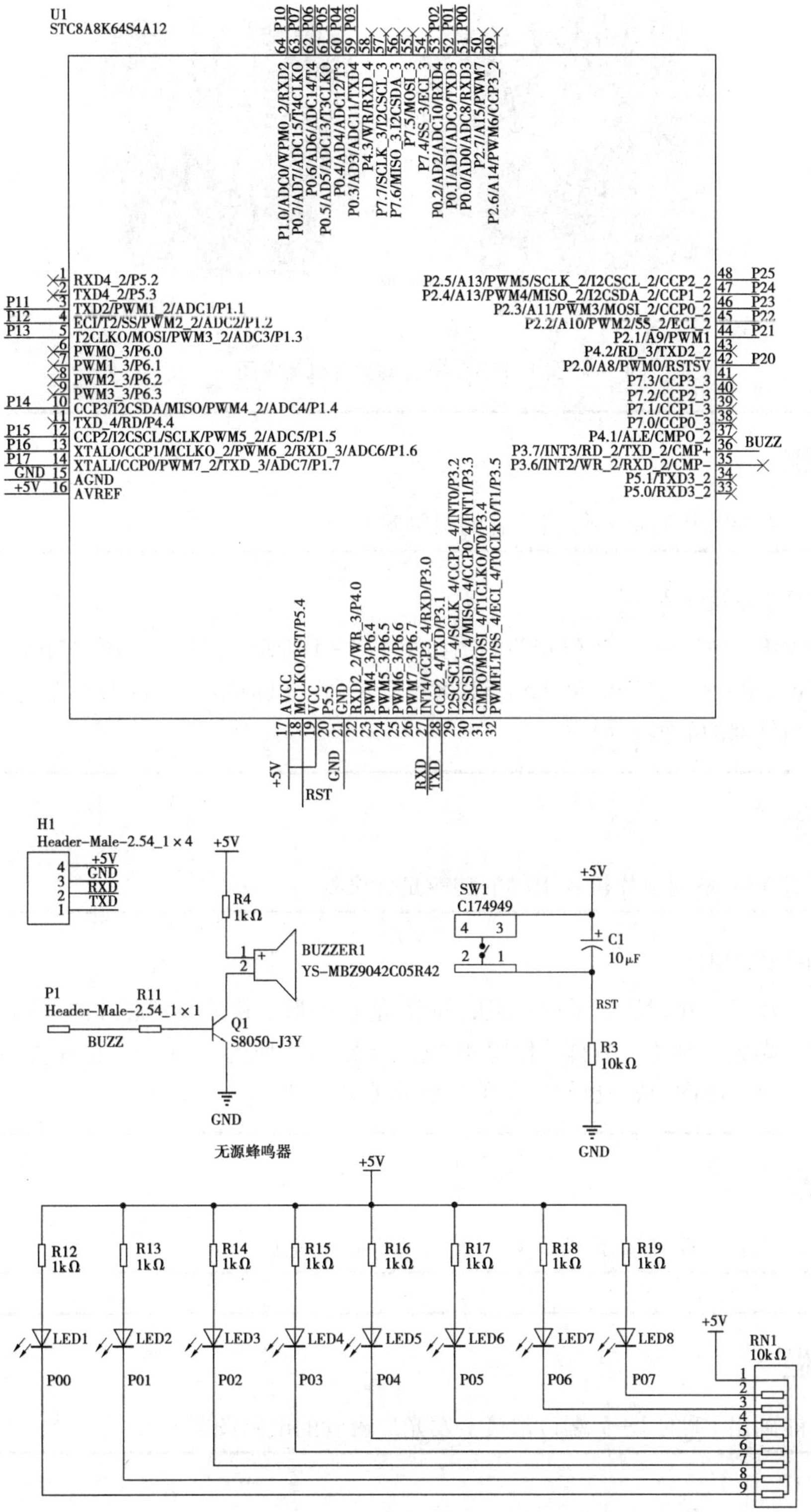
U1
STC8A8K64S4A12
P1.0/ADC0/WPM0_2/RXD2
P0.7/AD7/ADC15/T4CLKO
P0.6/AD6/ADC14/T4
P0.5/AD5/ADC13/T3CLKO
P0.4/AD4/ADC12/T3
P0.3/AD3/ADC11/TXD4
P4.3/WR/RXD_4
P7.7/SCLK_3/I2CSCL_3
P7.6/MISO_3/I2CSDA_3
P7.5/MOSI_3
P7.4/SS_3/ECI_3
P0.2/AD2/ADC10/RXD4
P0.1/AD1/ADC9/TXD3
P0.0/AD0/ADC8/RXD3
P2.7/A15/PWM7
P2.6/A14/PWM6/CCP3_2
RXD4_2/P5.2
TXD4_2/P5.3
TXD2/PWM1_2/ADC1/P1.1
ECI/T2/SS/PWM2_2/ADC2/P1.2
T2CLKO/MOSI/PWM3_2/ADC3/P1.3
PWM0_3/P6.0
PWM1_3/P6.1
PWM2_3/P6.2
PWM3_3/P6.3
CCP3/I2CSDA/MISO/PWM4_2/ADC4/P1.4
TXD_4/RD/P4.4
CCP2/I2CSCL/SCLK/PWM5_2/ADC5/P1.5
XTALO/CCP1/MCLKO_2/PWM6_2/RXD_3/ADC6/P1.6
XTALI/CCP0/PWM7_2/TXD_3/ADC7/P1.7
AGND
AVREF
P11 P12 P13 P14 P15 P16 P17 GND +5V
P2.5/A13/PWM5/SCLK_2/I2CSCL_2/CCP2_2
P2.4/A13/PWM4/MISO_2/I2CSDA_2/CCP1_2
P2.3/A11/PWM3/MOSI_2/CCP0_2
P2.2/A10/PWM2/SS_2/ECI_2
P2.1/A9/PWM1
P4.2/RD_3/TXD2_2
P2.0/A8/PWM0/RSTSV
P7.3/CCP3_3
P7.2/CCP2_3
P7.1/CCP1_3
P7.0/CCP0_3
P4.1/ALE/CMPO_2
P3.7/INT3/RD_2/TXD_2/CMP+
P3.6/INT2/WR_2/RXD_2/CMP-
P5.1/TXD3_2
P5.0/RXD3_2
P25 P24 P23 P22 P21 P20 BUZZ
P10 P07 P06 P05 P04 P03 P02 P01 P00
AVCC
MCLKO/RST/P5.4
VCC
P5.5
GND
RXD2_2/WR_3/P4.0
PWM4_3/P6.4
PWM5_3/P6.5
PWM6_3/P6.6
PWM7_3/P6.7
INT4/CCP3_4/RXD/P3.0
CCP2_4/TXD/P3.1
I2SCSL_4/SCLK_4/CCP1_4/INT0/P3.2
I2SCSDA_4/MISO_4/CCP0_4/INT1/P3.3
CMPO/MOSI_4/T1CLKO/T0/P3.4
PWMFLT/SS_4/ECI_4/T0CLKO/T1/P3.5
+5V GND RXD TXD RST
H1
Header-Male-2.54_1×4
+5V GND RXD TXD
R4
1kΩ
BUZZER1
YS-MBZ9042C05R42
P1
Header-Male-2.54_1×1
R11
BUZZ
Q1
S8050-J3Y
GND
无源蜂鸣器
SW1
C174949
C1
10μF
RST
R3
10kΩ
GND
R12 1kΩ R13 1kΩ R14 1kΩ R15 1kΩ R16 1kΩ R17 1kΩ R18 1kΩ R19 1kΩ
LED1 LED2 LED3 LED4 LED5 LED6 LED7 LED8
P00 P01 P02 P03 P04 P05 P06 P07
RN1
10kΩ

图 1-1-1　控制电路

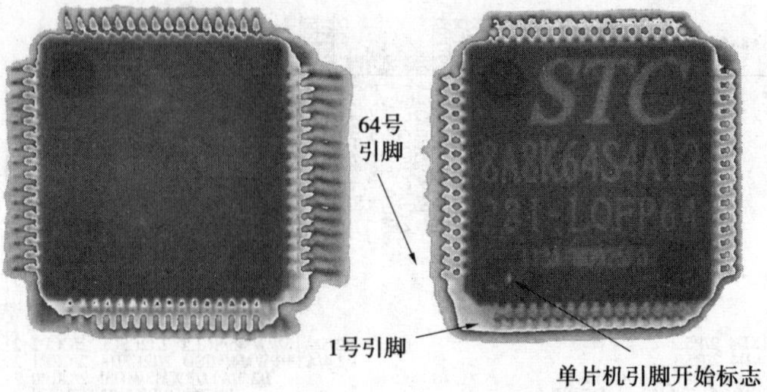

图 1-1-3　40 引脚单片机实物图

想一想

你能在单片机背面熟练找出它的引脚吗?

2.引脚分布及作用

单片机实际控制电子烟花部分电路连接图

STC8A8K 系列单片机各引脚功能图如图 1-1-4 所示,主要有电源引脚 VCC,AVCC,GND,AGND,单片机端口 P0 到 P5。STC8A8K 系列可以使用单片机内部振荡电路,因此可以不使用外部的晶振。

想一想

STC8A8K 系列单片机各引脚的功能是什么?

3.实际控制电路

在这个任务中我们认识了单片机的外形,能在外形上快速找到芯片的引脚,更知道了单片机的引脚分布及各个引脚的作用和功能。最后我们还绘制了一个单片机实际控制电子烟花的部分电路图,从中也知道了单片机的控制原理。

想一想

单片机怎样控制接在 P2.3 口的发光二极管发光?

做一做

你能画出 P1 的 1—7 端口都接上发光二极管的电路图吗?

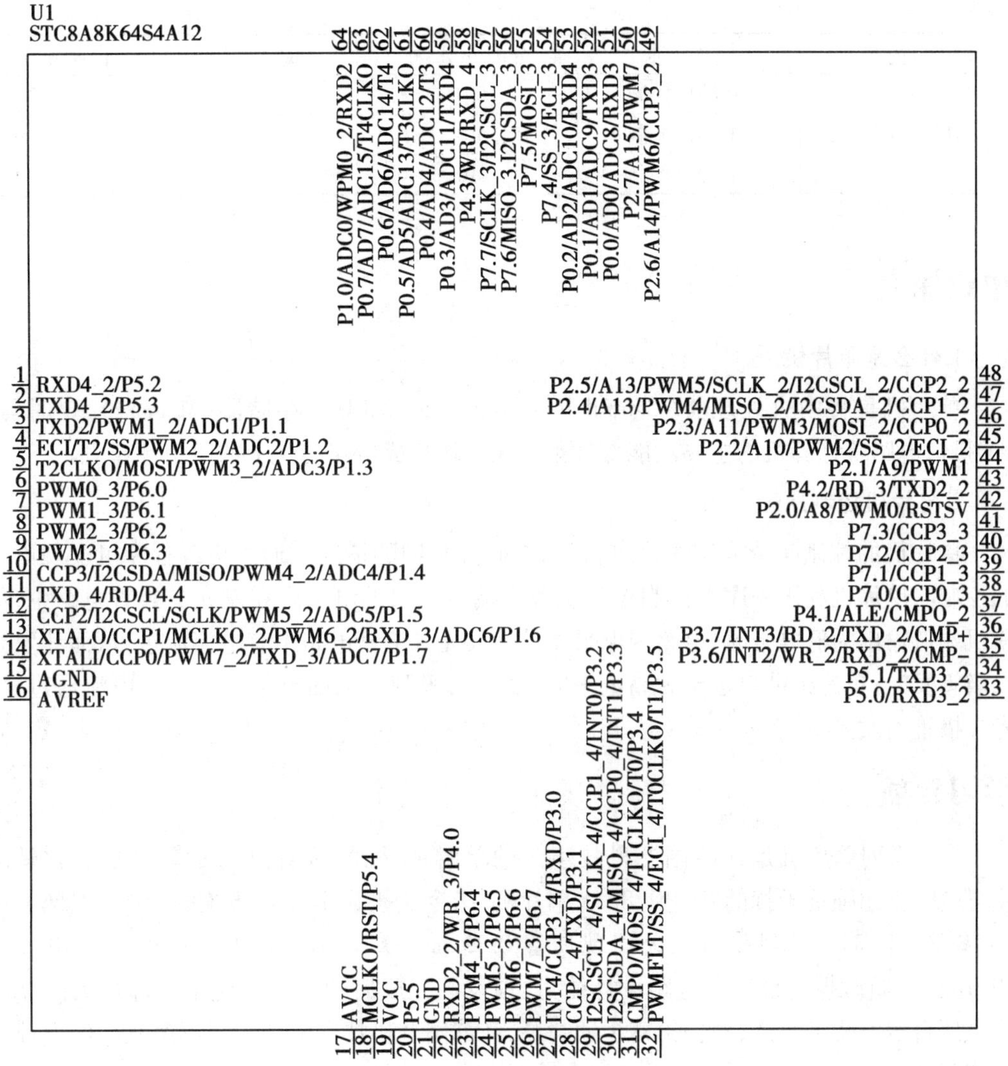

图 1-1-4 STC8A8K 系列单片机各引脚功能图

自评

项目内容	完成要求	分配分值/分	完成情况	自评分值
快速认识单片机	能区分不同芯片	10		
	能快速找出引脚	10		
各引脚的作用	19 号引脚	10		
	21 号引脚	10		
	15 号引脚	10		
	17 号引脚	10		
	51 号引脚	10		

续表

项目内容	完成要求	分配分值/分	完成情况	自评分值
端口控制电路	P0 端口控制	10		
	P1 端口控制	10		
	P2 端口控制	10		

知识探究

1.什么是单片机

单片机是将中央处理器(Central Processing Unit,CPU)、存储器(Memory)、定时器、I/O接口电路等计算机的主要功能部件集成在一块集成电路芯片上的微型计算机。

2.单片机控制原理

单片机的控制是依靠程序来进行的,在硬件相同的情况下通过更改程序可实现不同的控制。单片机利用程序来控制单片机各个端口输出的电平。在发光二极管电路中,单片机端口输出为低电平时,电路因电平相差使发光二极管电路中有电流流过,从而让发光二极管发光;单片机端口输出为高电平时,发光二极管两端因电平一致而无电流通过,发光二极管不发光。

学习领航

STC 系列单片机是江苏国芯科技生产的单时钟/机器周期(1T)的单片机。它是高速/低功耗/超强抗干扰的新一代 8051 单片机,指令代码完全兼容传统的 8051,但速度快 8~12 倍。江苏国芯科技有限公司现具备 0.35 μm、0.18 μm、0.11 μm、55 μm、40 μm、10 μm的高阶数模混合集成电路设计能力,现设计完成后的芯片外包给全球最大的晶圆代工厂台积电代工生产,外包给富士通封装,江苏国芯科技有限公司完成最核心的设计和功能测试。

任务二 Keil C51 软件安装与使用

任务引入

在上一个任务中我们认识了单片机,掌握了单片机的引脚分布及其作用,还进行了简单控制原理图的绘制。我们只是有了电路但是还没有实现对电路的控制。要实现对电路的控制,还需编写控制程序。下面就来看看程序是怎样写的,以及是怎样通过单片机进行控制的。

任务要求

(1)会按要求安装软件。
(2)能快速启动软件。
(3)会正确使用编程软件。

准备工作

(1)器材准备:计算机一台(奔腾级以上的家用计算机即可)。
(2)工具准备:Keil C 软件 C51v960a 版本。

作业流程图

器材准备好后请按图 1-2-1 进行作业。

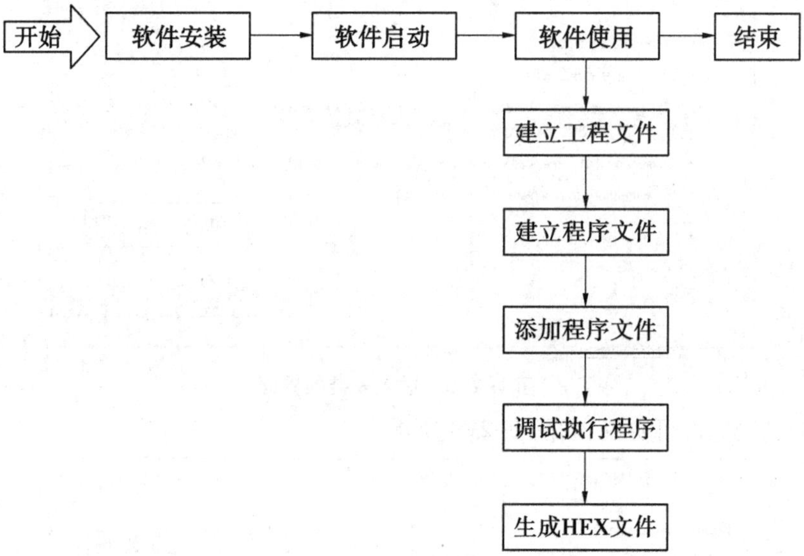

图 1-2-1　作业流程图

作业过程

1.软件安装

单片机的编程软件很多,这里就以常用的软件为例。Keil C51 软件是众多单片机应用开发的优秀软件之一,它集编辑、编译、仿真于一体,支持汇编、PLM 语言和 C 语言的程序设计,界面友好,易学易用。

Keil C51 软件安装程序图标如图 1-2-2 所示。

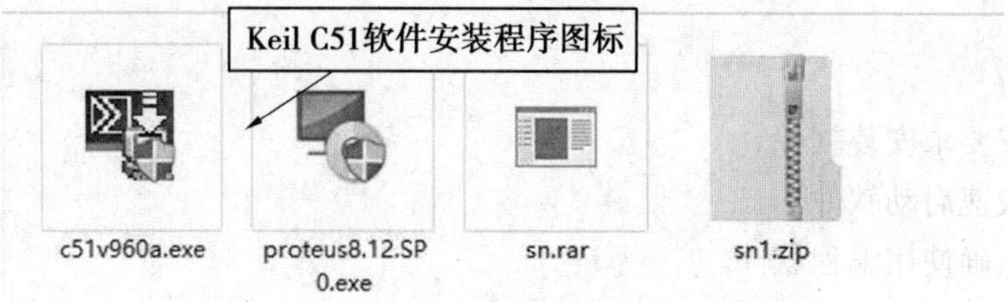
Keil C51软件安装程序图标
c51v960a.exe
proteus8.12.SP0.exe
sn.rar
sn1.zip

图 1-2-2　Keil C51 软件安装图标

(1)双击 Keil C51 软件安装程序图标,进行软件安装,单击“Next”进入下一步,如图 1-2-3 所示。

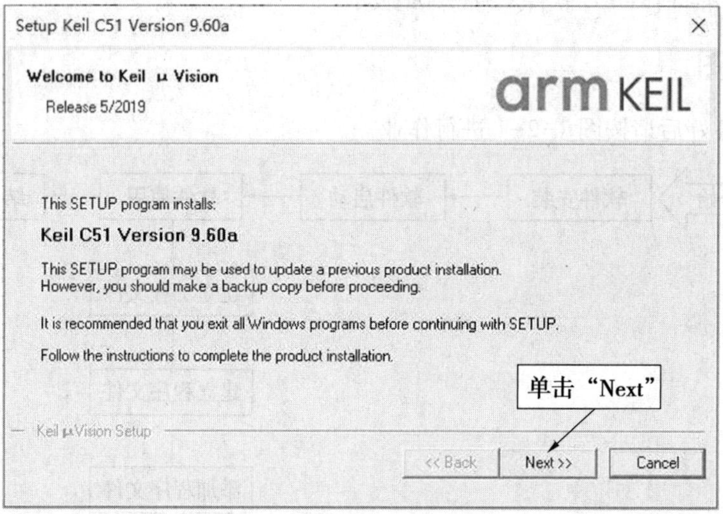
Setup Keil C51 Version 9.60a
Welcome to Keil µ Vision
Release 5/2019
arm KEIL
This SETUP program installs:
Keil C51 Version 9.60a
This SETUP program may be used to update a previous product installation.
However, you should make a backup copy before proceeding.
It is recommended that you exit all Windows programs before continuing with SETUP.
Follow the instructions to complete the product installation.
单击 “Next”
Keil µVision Setup
<< Back
Next >>
Cancel

图 1-2-3　进入安装的界面

(2)勾选同意许可协议,如图 1-2-4 所示。

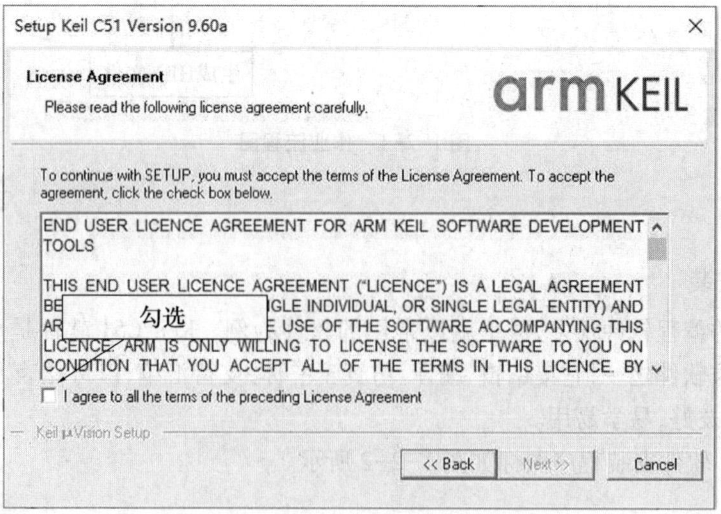
Setup Keil C51 Version 9.60a
License Agreement
Please read the following license agreement carefully.
arm KEIL
To continue with SETUP, you must accept the terms of the License Agreement. To accept the agreement, click the check box below.
END USER LICENCE AGREEMENT FOR ARM KEIL SOFTWARE DEVELOPMENT TOOLS
THIS END USER LICENCE AGREEMENT ("LICENCE") IS A LEGAL AGREEMENT
勾选
I agree to all the terms of the preceding License Agreement
Keil µVision Setup
<< Back
Next >>
Cancel

图 1-2-4　勾选“同意许可协议”

(3)单击“Next”,进入下一步安装,如图 1-2-5 所示界面。

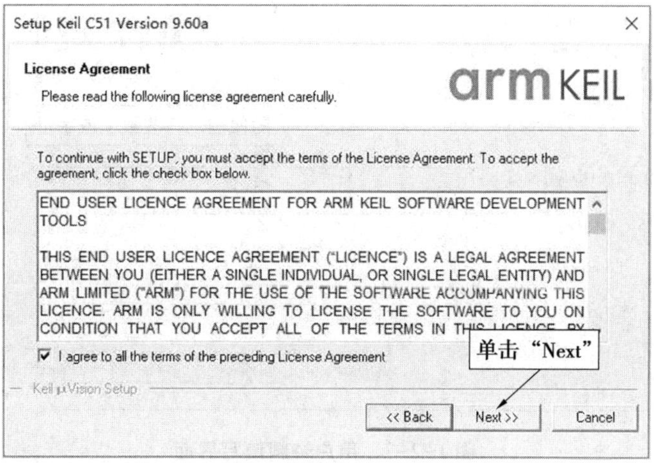
Setup Keil C51 Version 9.60a
License Agreement
Please read the following license agreement carefully.
arm KEIL
To continue with SETUP, you must accept the terms of the License Agreement. To accept the agreement, click the check box below.
END USER LICENCE AGREEMENT FOR ARM KEIL SOFTWARE DEVELOPMENT TOOLS
THIS END USER LICENCE AGREEMENT ("LICENCE") IS A LEGAL AGREEMENT BETWEEN YOU (EITHER A SINGLE INDIVIDUAL, OR SINGLE LEGAL ENTITY) AND ARM LIMITED ("ARM") FOR THE USE OF THE SOFTWARE ACCOMPANYING THIS LICENCE. ARM IS ONLY WILLING TO LICENSE THE SOFTWARE TO YOU ON CONDITION THAT YOU ACCEPT ALL OF THE TERMS IN
I agree to all the terms of the preceding License Agreement
单击 “Next”
Keil µVision Setup
<< Back
Next >>
Cancel

图 1-2-5　同意许可协议界面

(4)再单击“Next”,进入下一步,如图 1-2-6 所示。

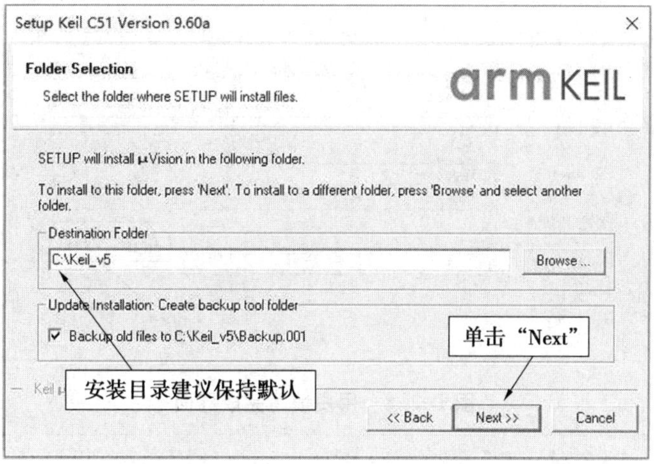
Setup Keil C51 Version 9.60a
Folder Selection
Select the folder where SETUP will install files.
arm KEIL
SETUP will install µVision in the following folder.
To install to this folder, press 'Next'. To install to a different folder, press 'Browse' and select another folder.
Destination Folder
C:\Keil_v5
Browse ...
Update Installation: Create backup tool folder
Backup old files to C:\Keil_v5\Backup.001
单击 “Next”
安装目录建议保持默认
<< Back
Next >>
Cancel

图 1-2-6　安装路径选择界面

(5)在“First Name:”“Last Name:”“Company Name:”“E-mail:”后随便输入一些数字或字母,如图 1-2-7 所示。

(6)都填写好后,单击“Next”,如图 1-2-8 所示。

(7)安装程序将程序文件写入指定目录,如图 1-2-9 所示。

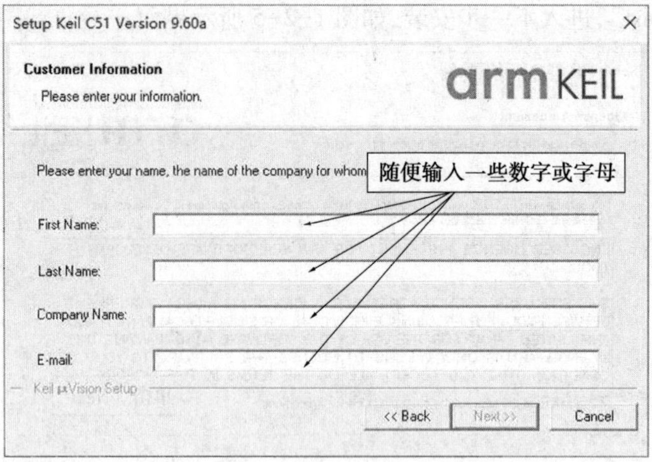

图 1-2-7 用户资料填写界面

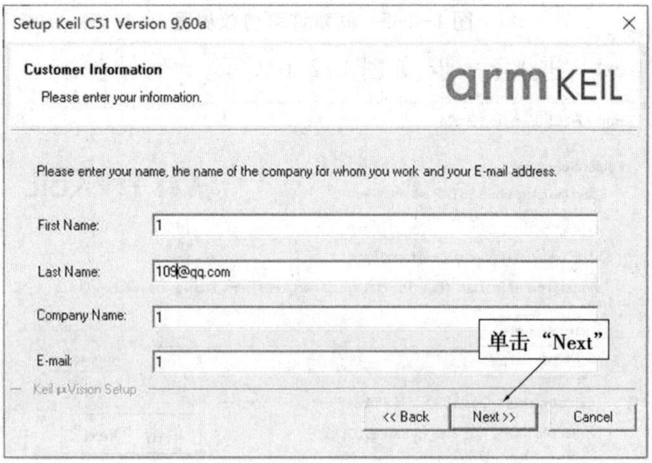

图 1-2-8 用户填写完成界面

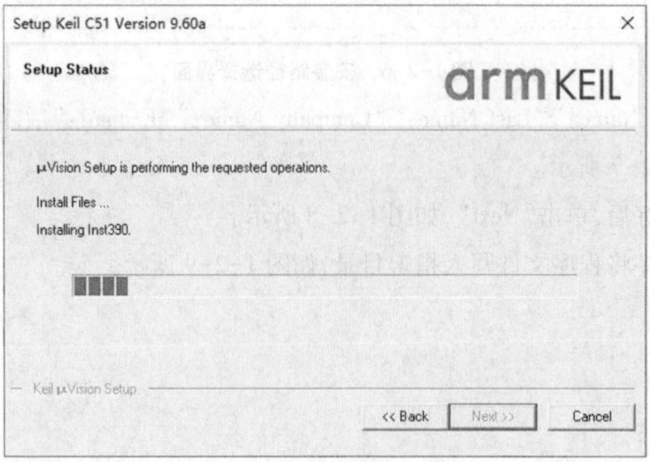

图 1-2-9 安装进度界面

(8)安装程序开始对软件进行安装，等待几秒钟后出现完成界面，单击“Finish”完成安装，如图 1-2-10 所示。

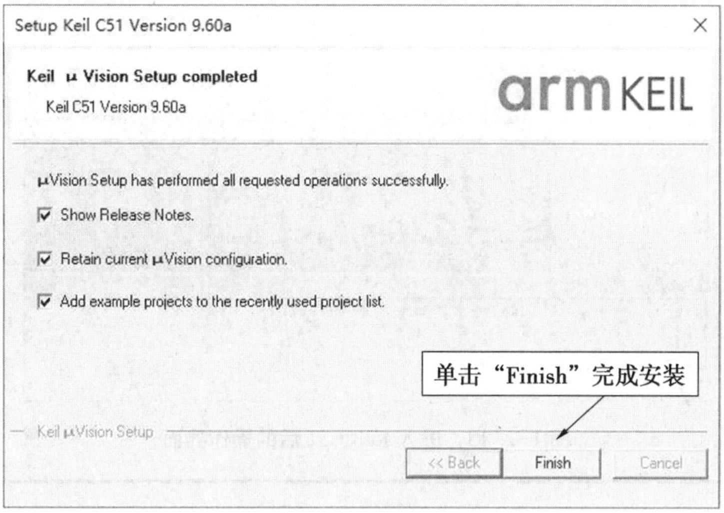

图 1-2-10　安装完成界面

想一想

改变软件安装目录应该在哪里修改呢？

2.启动软件

下面介绍 Keil C51 软件的启动方法。该软件的启动图标如图 1-2-11 所示。

(1)进入 Keil C51 后启动屏幕，如图 1-2-12 所示。

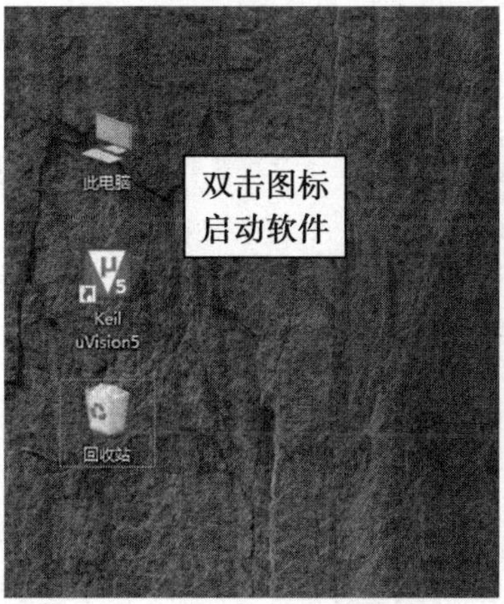

图 1-2-11　软件启动图标

图 1-2-12　启动 Keil C51 时的屏幕

(2)过几秒钟后出现操作界面,如图 1-2-13 所示。

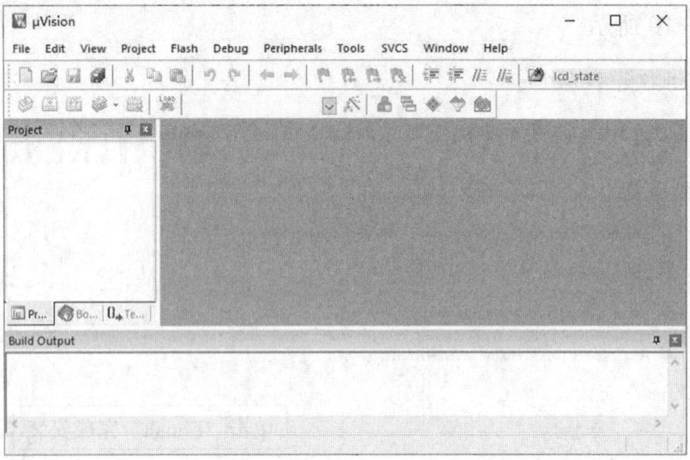

图 1-2-13　进入 Keil C51 后的操作界面

> **想一想**
>
> 软件启动还有其他的方法吗?

3.软件使用与简单程序的调试

学习程序设计语言、某种程序软件,最好的方法是直接操作实践。下面通过简单的编程、调试,学习 Keil C51 软件的基本使用方法和基本的调试技巧。

1)建立一个新工程

(1)单击"Project"→"New µVision Project"选项,如图 1-2-14 所示。

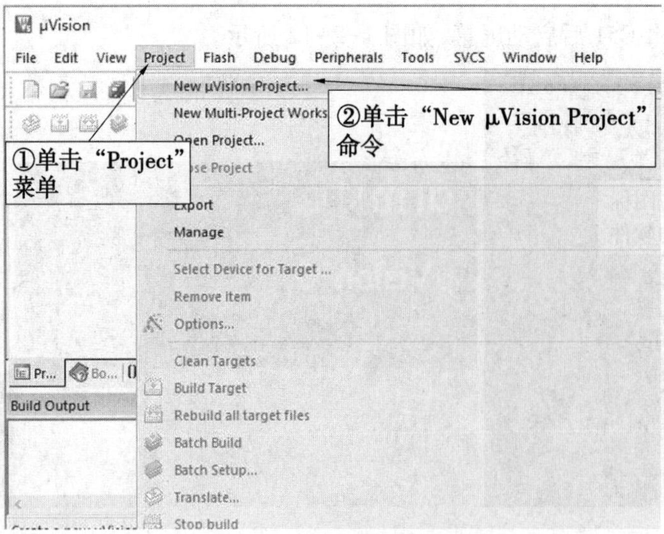

图 1-2-14　软件工程建设界面

(2)弹出创建新项目对话框,如图 1-2-15 所示。

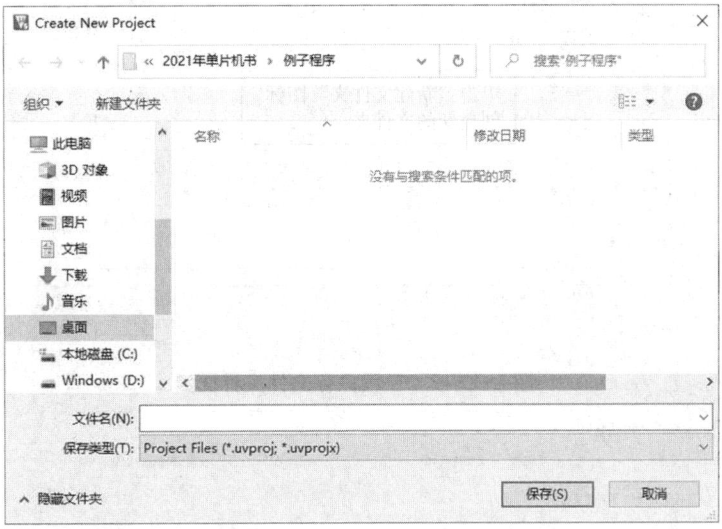

图 1-2-15　创建新项目对话框

(3)单击"本地磁盘(C:)"图标,将新项目存放在 C 盘,如图 1-2-16 所示。

图 1-2-16　工程保存目标盘选择界面

(4)单击"新建文件夹",创建新的文件夹,如图 1-2-17 所示。

(5)将文件夹更名为 C51,如图 1-2-18 所示。

(6)双击 C51 文件夹,进入 C51 文件夹,如图 1-2-19 所示。

(7)输入文件名 li1,单击"保存",创建名为 li1 的项目文件,如图 1-2-20 所示。

(8)这时会弹出一个选择单片机型号对话框,如图 1-2-21 所示。

(9)在"Search:"后输入 80/87L58,单击"OK"按钮,如图 1-2-22 所示。

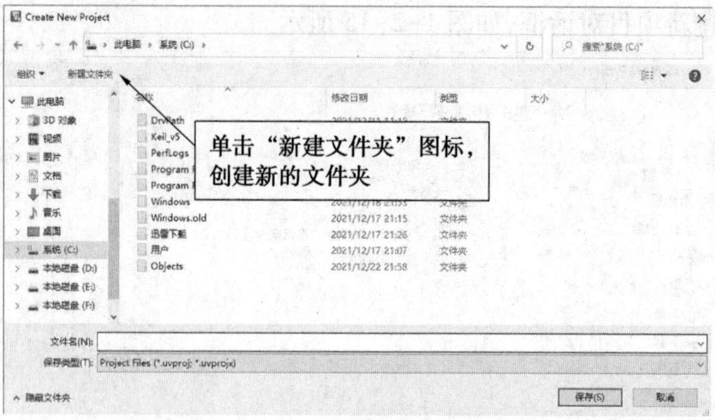

图 1-2-17　工程保存文件夹界面

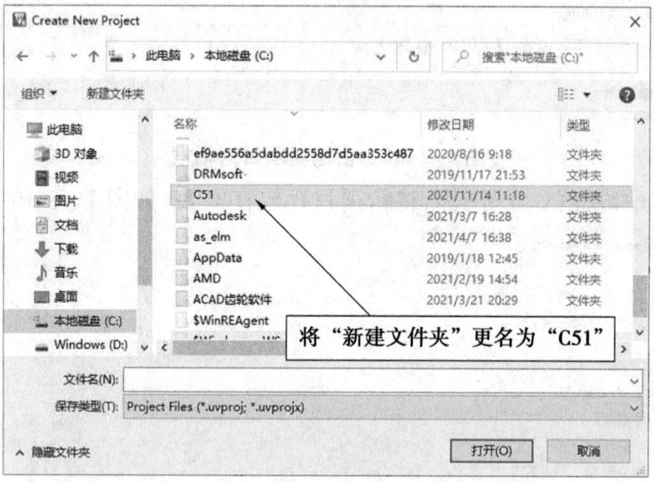

图 1-2-18　新建文件夹更名为 C51

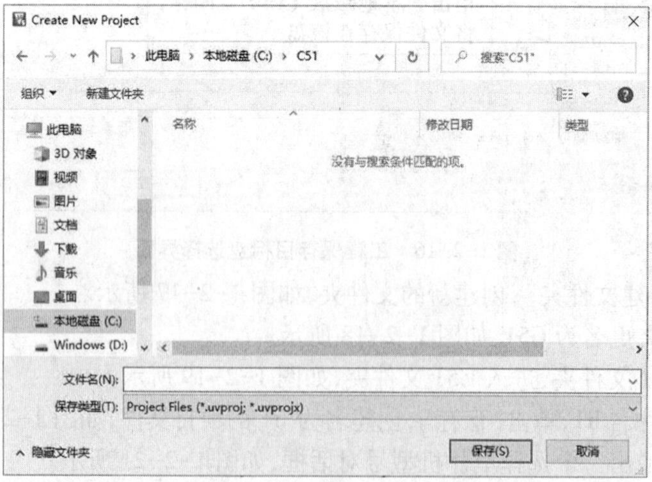

图 1-2-19　进入 C51 文件夹

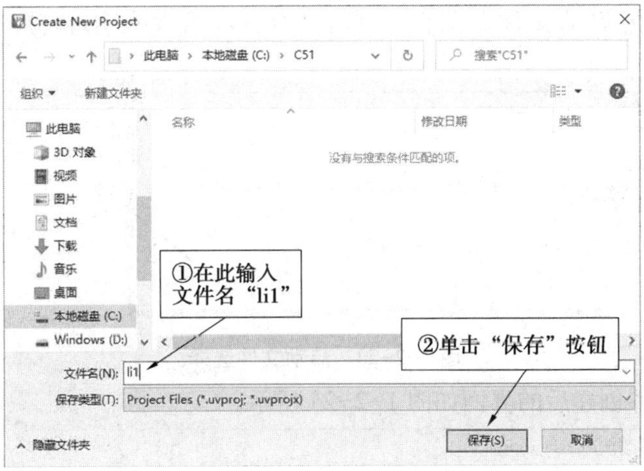

图 1-2-20　保存工程文件名

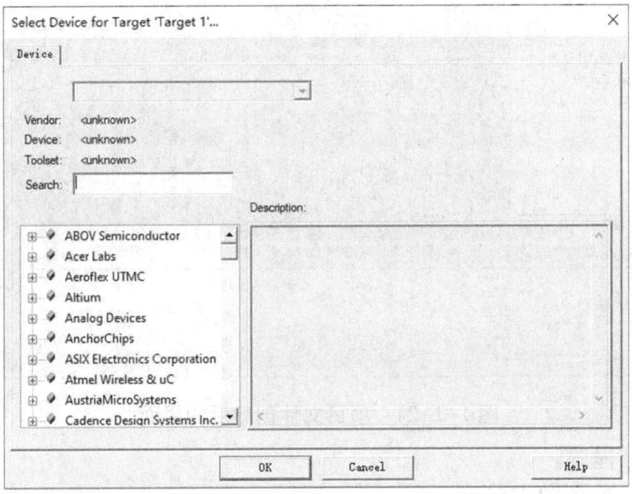

图 1-2-21　选择单片机型号对话框

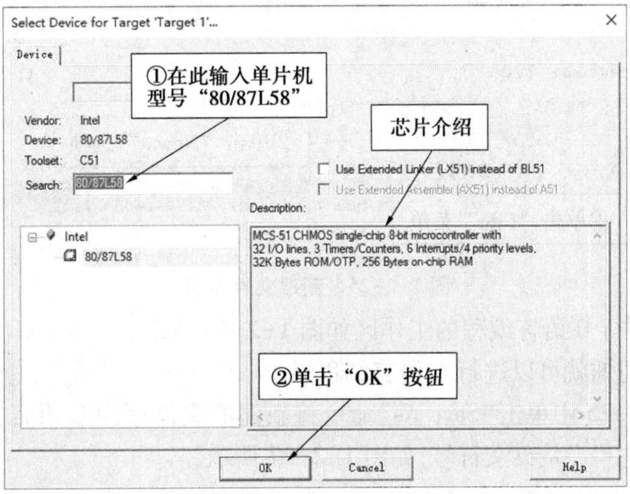

图 1-2-22　选择芯片型号

(10)在弹出的启动文件对话框中单击“否”,不需要使用软件的启动文件,如图1-2-23所示。

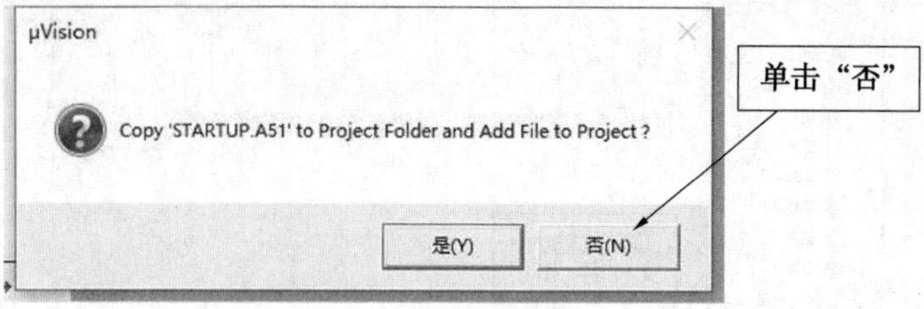

图 1-2-23　启动文件选择

(11)项目文件创建后的界面如图 1-2-24 所示。

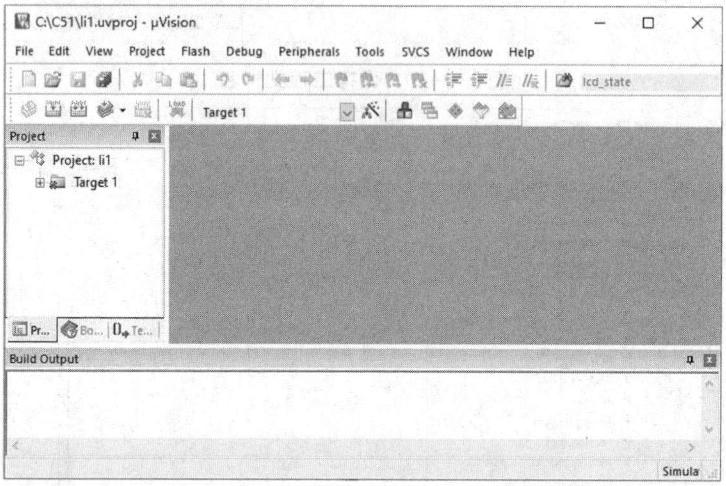

图 1-2-24　项目文件创建后的界面

下面开始编写程序。

2)软件使用与简单程序的调试

(1)在图 1-2-24 中,单击“File”菜单,再在下拉菜单中单击“New...”选项,如图1-2-25所示。

图 1-2-25　新建文件界面

(2)单片机进行 C 语言编程的工作区如图 1-2-26 所示。

此时光标在闪烁就可以进行 C 语言编程了。

(3)在图 1-2-25 中单击“Save As”命令将新建的文件存为 C 语言文件,C 语言文件后缀名是“.c”,其中“.”是英文符号,如图 1-2-27 所示。

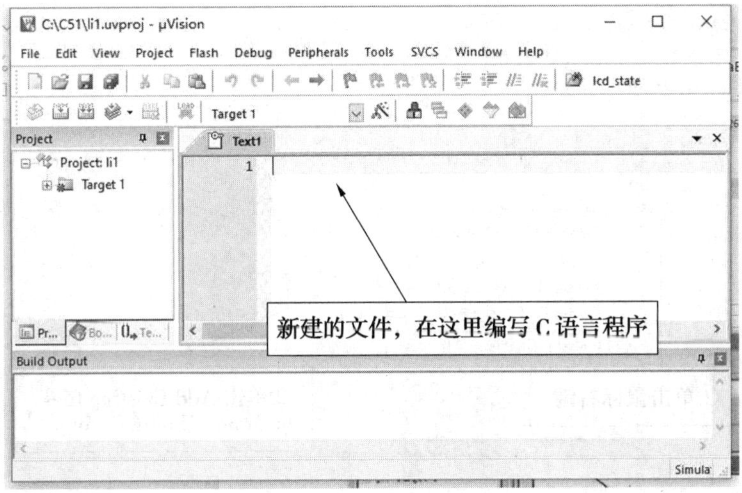

图 1-2-26　程序输入界面

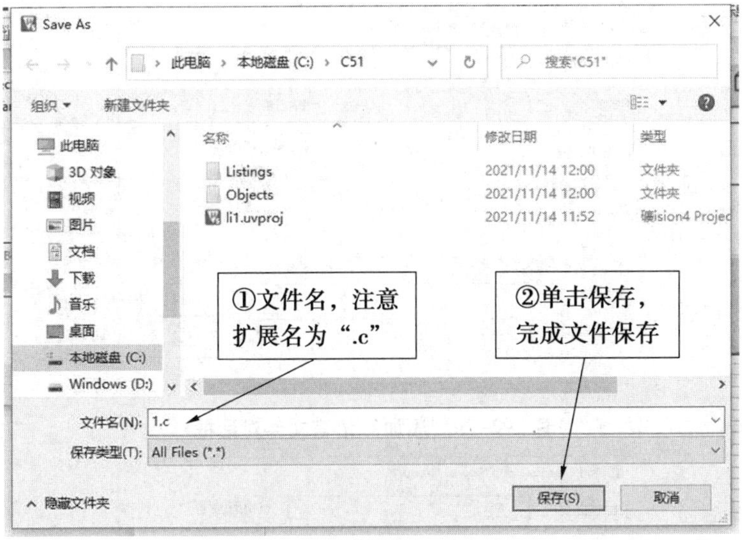

图 1-2-27　保存文件界面

(4)回到编辑界面，单击"Target1"前面的"+"号，然后在"Source Group 1"上单击鼠标右键，弹出包含"Add Existing files to Group 'Source Group 1'"项的菜单，如图 1-2-28 所示。

(5)单击"Add Files to Group 'Source Group1'"项，弹出如图 1-2-29 所示的对话框。

(6)在查找范围后选择在图 1-2-20 中新建的文件目录，再选中"1.c"文件，单击"Add"，再单击"Close"，完成 C 语言文件的添加，如图 1-2-30 所示。

(7)执行完后，界面如图 1-2-31 所示。

(8)注意到"Source Group 1"前面变为"+"，单击后展开文件夹，如图 1-2-32 所示。

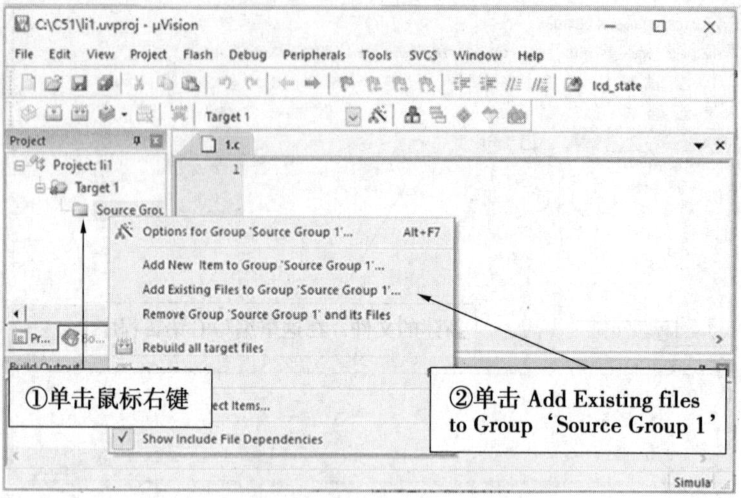

图 1-2-28　添加程序文件操作界面

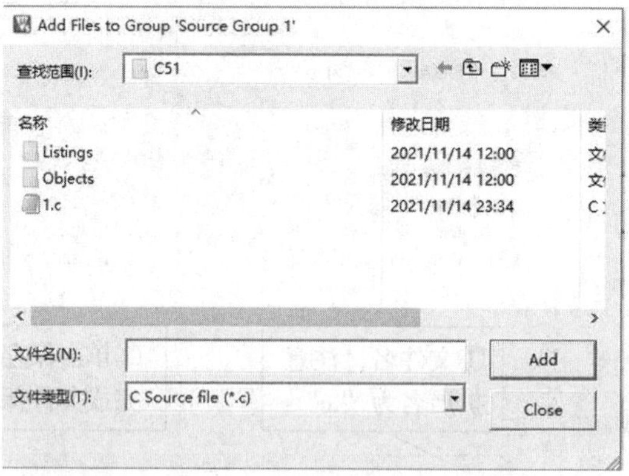

图 1-2-29　添加 C 语言文件对话框

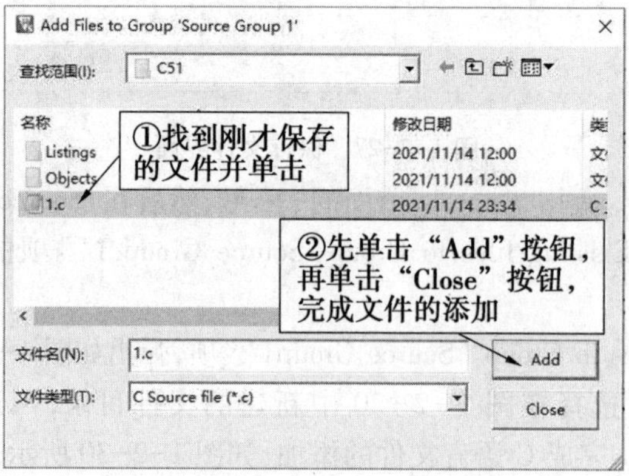

图 1-2-30　程序文件选择界面

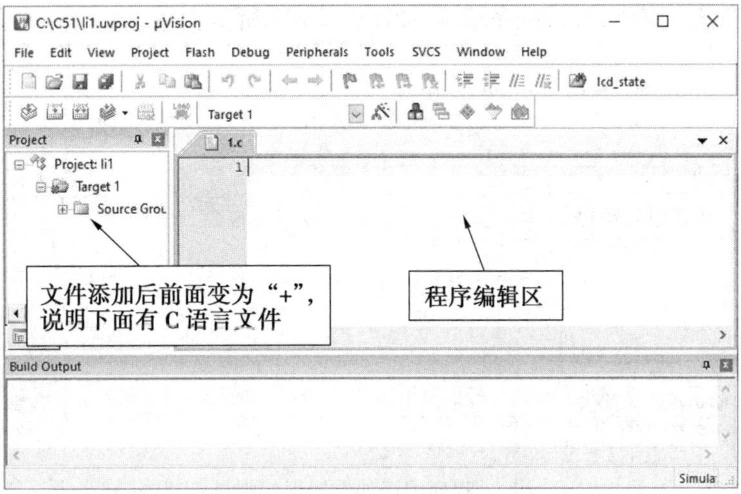

图 1-2-31　完成添加后的界面

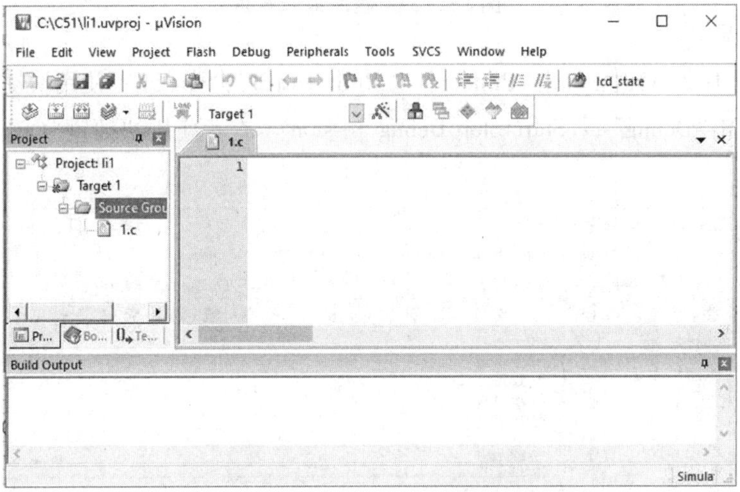

图 1-2-32　展开文件夹的界面

(9)在"1.c"中的程序编辑区输入以下 C 语言源程序。

```
#include<reg52.h>                    //包含头文件命令
sbit led1 = P0^0;                    //定义灯端口
void main(void)                      //主函数
{
  while(1)                           //死循环
  {
    led1 = 0;                        //主函数体程序内容
  }
}
```

(10)程序输入完毕,进行程序编译,如图 1-2-33 所示。

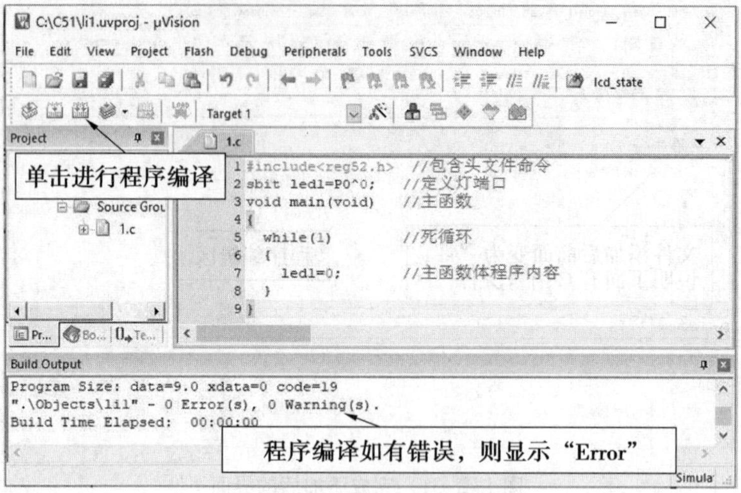

图 1-2-33　程序编译界面

3)软件调试

(1)在图 1-2-33 中,单击“Project”→“Built Target”命令(或者使用快捷键 F7),编译成功后,再单击“Debug”→“Start/Stop Debug Session”(或者使用快捷键“Ctrl +F5”),如图 1-2-34所示。

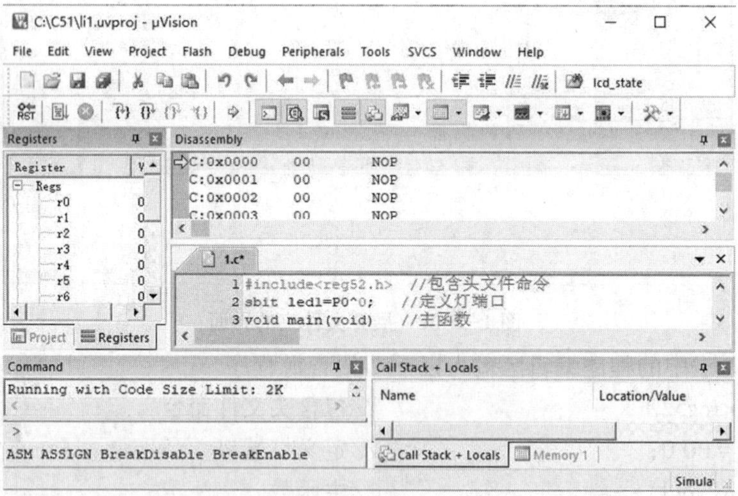

图 1-2-34　程序调试界面

注意:再次执行以上命令即可退出程序调试。

(2)选择“Peripherals”菜单,选择“I/O-Ports”选项,执行“Port0”命令,端口显示调用,如图 1-2-35 所示。

(3)进行上面的操作后出现端口的状态显示窗口,如图 1-2-36 所示。

(4)选择“Debug”菜单,执行“Step”命令(或按 F11 键),如图 1-2-37 所示。

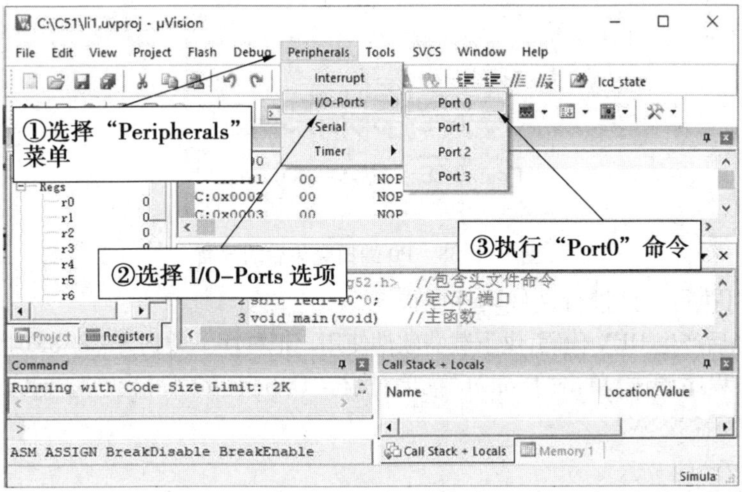

图 1-2-35　控制端口选择界面

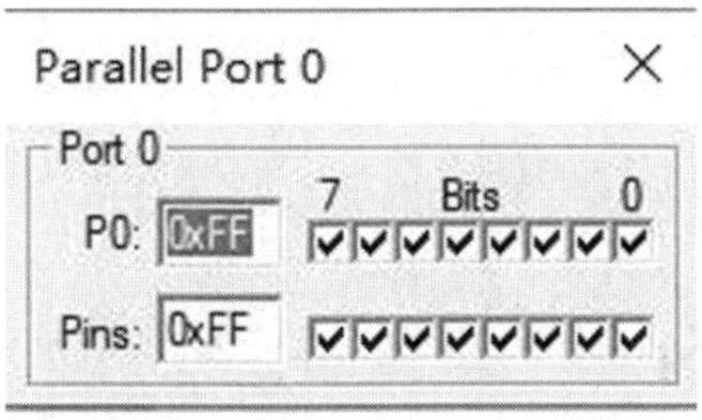

图 1-2-36　端口 0 状态界面

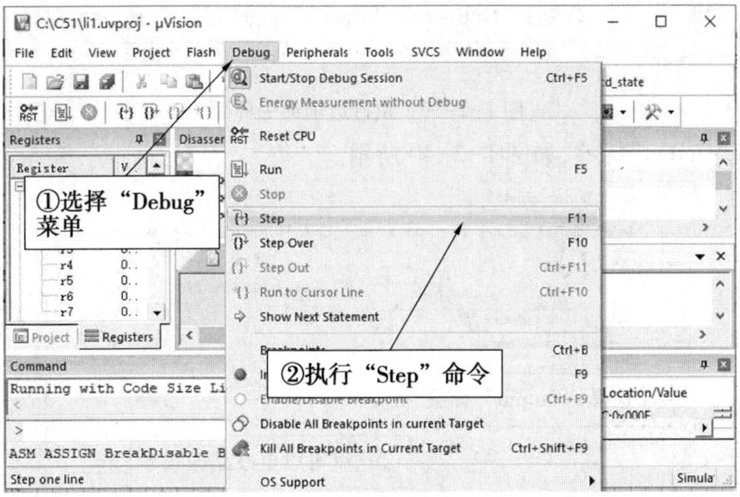

图 1-2-37　程序进行单步运行界面

(5)按两次 F11 键后,可以看到端口的状态出现变化,如图 1-2-38 所示。

至此,在 Keil C51 上实现了一个完整工程的全过程。但这只是纯软件的开发过程,如何使用程序下载器查看程序运行的结果呢?

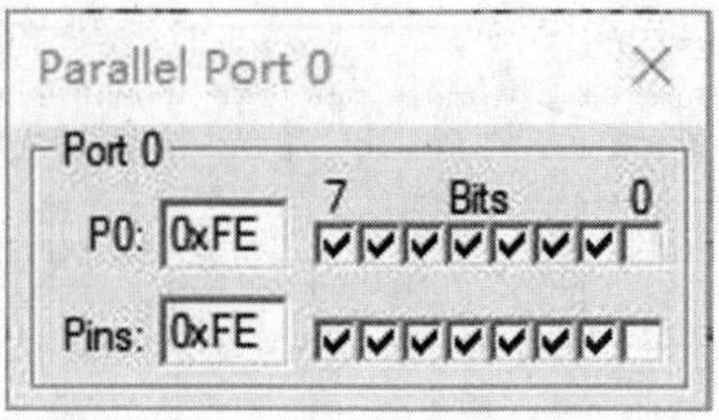

图 1-2-38　P0 端口变化后的界面

4）生成可执行文件进行文件硬件操作

程序编译后产生 HEX 代码，供下载器软件使用。把程序下载到 STC8A8K64S4 单片机中。

（1）退出程序调试，单击“Project”菜单，执行“Options for Target ‘Target 1’...”命令，如图 1-2-39 所示。

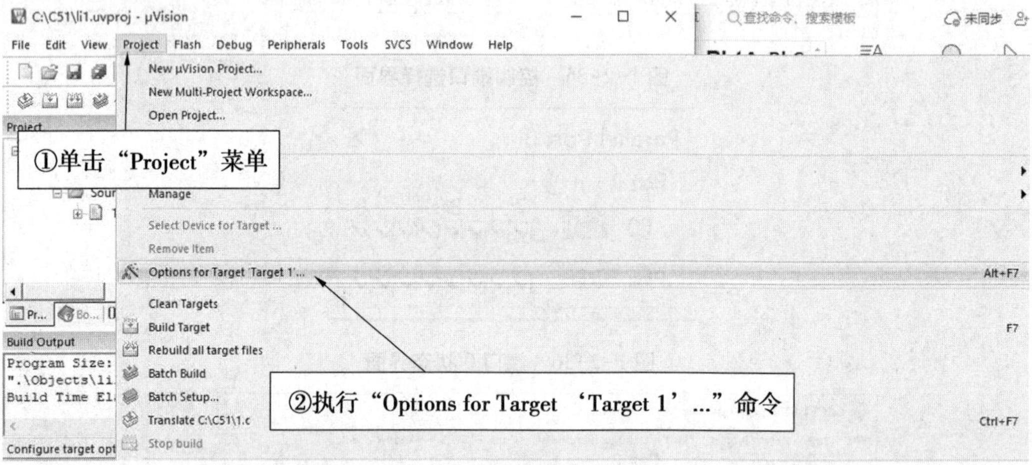

图 1-2-39　执行选项命令界面

（2）选择“Output”标签，如图 1-2-40 所示。

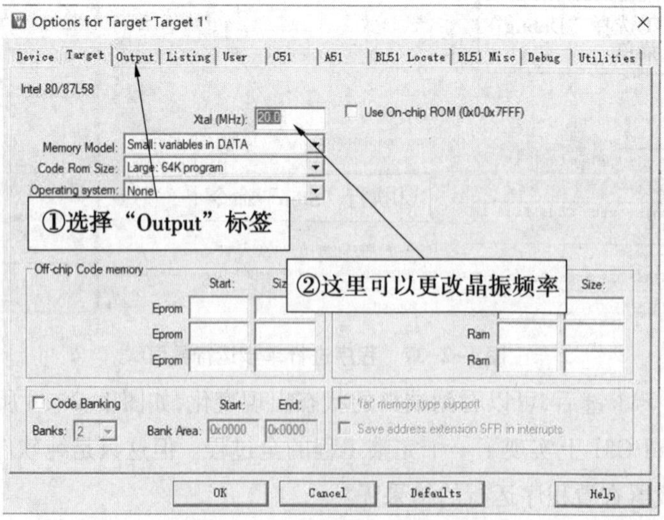

图 1-2-40　选择输出标签界面

(3)选择输出 HEX 文件,如图 1-2-41 所示。

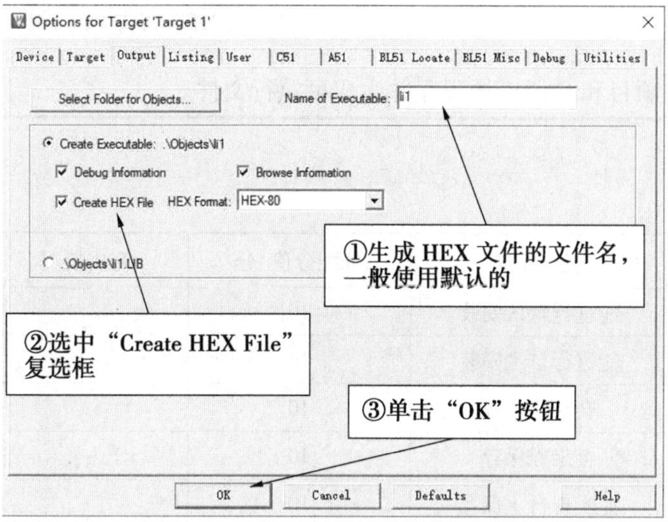

图 1-2-41　选择输出 HEX 文件界面

(4)再次编译后将输出 HEX 文件,软件将输出提示信息,如图 1-2-42 所示。

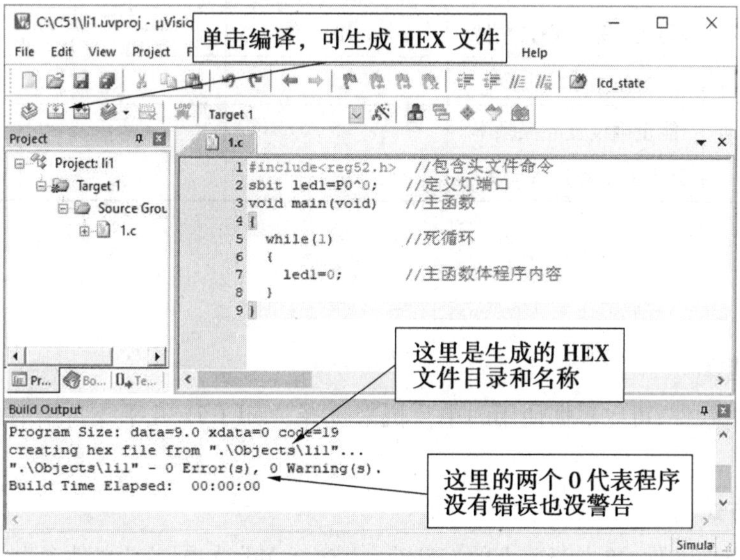

图 1-2-42　输出提示信息

在本任务中,我们知道了单片机是通过程序来控制其他设备的,程序编写使用的是 Keil C51 v960a 软件。在软件的使用过程中我们学会了安装软件、建立项目工程文件,添加程序文件和生成执行文件。

想一想

你能记住全部的操作吗？试着回忆一下。

做一做

新建一个项目和C语言源程序并生成可执行文件。

自评

项目内容	完成要求	分配分值/分	完成情况	自评分值
软件安装	能进行默认安装	10		
	能进行自主安装	10		
建立工程文件	会新建工程	10		
	会工程保存	10		
	能实现自主保存	10		
建立程序文件	会建立程序文件	10		
	会进行不同格式的保存	10		
	会在工程中添加文件	10		
生成可执行文件	会使用生成命令	5		
	能正确设置晶振频率	5		
	会输出设置并产生文件	10		

知识探究

1.软件选择

选择编辑软件,可以根据使用的单片机来选择,Keil C51 几乎支持所有的 51 核的单片机。

2.保存方式

保存该空白文件,单击菜单上的“File”→“Save As”选项,在“文件名”栏右侧的编辑框中键入欲使用的文件名;同时,必须键入正确的扩展名。注意,如果用 C 语言编写程序,则扩展名为“.c”;如果用汇编语言编写程序,则扩展名必须为“.asm”。

3.快速检查方法

在输入上述程序时,Keil C51 会自动识别关键字,并以不同的颜色提示用户加以注意,这样会使用户少犯错误,有利于提高编程效率。

4.sbit

定义特殊功能寄存器的位变量,其作用是将位变量名和实际的端口建立联系。可以使用以下几种方法来进行。

方法一：sbit 位变量名=地址值；

方法二：sbit 位变量名=SFR 名称^变量位地址值；

方法二：sbit 位变量名=SFR 地址值^变量位地址值。

学习领航

合理规划校园生活，做到学有所成、技有所专，不断提高自身的能力，树立热爱祖国、热爱社会主义的爱国观，为国家的发展贡献自己的力量。

任务三　Proteus 软件安装与使用

任务引入

在上一个任务中我们进行编程，掌握了 Keil C51 软件编译、调试的方法。然而仅仅这样是不够的，我们不知道程序能否正确运行，电路是否有问题。因此使用仿真软件是很有必要的，它能帮助我们快速进行电路和程序的验证。下面就来看看是怎样使用 Proteus 软件进行仿真的。

任务要求

(1)会按要求安装软件。

(2)能快速启动软件。

(3)会正确使用仿真软件。

准备工作

(1)器材准备：计算机一台(奔腾级以上的家用计算机即可)。

(2)工具准备：Proteus 软件 8.12.SP0 版本。

作业流程图

器材准备好后请按图 1-3-2 进行作业。

作业过程

1.软件安装

仿真软件很多，这里就以常用的软件为例。Proteus 软件是众多仿真软件中优秀的一款，它集电路图编辑、PCB 制作等功能于一体，同时还能进行单片机及外围器件的仿真，界面友好，操作简单，易学易用。

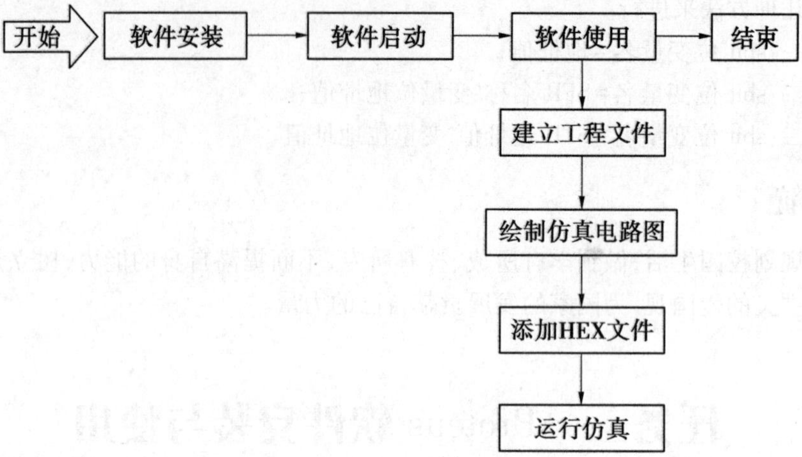

图 1-3-1 作业流程图

Proteus 软件安装程序图标如图 1-3-2 所示。

(1)双击图 1-3-2 中的 Proteus 8.12.SP0.exe，出现准备安装界面，如图 1-3-3 所示。

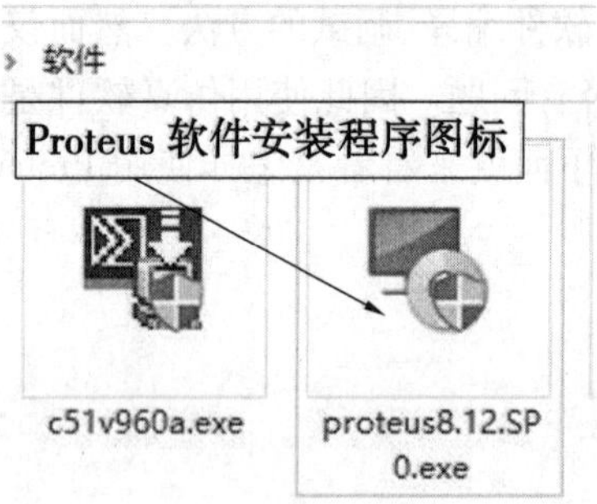

图 1-3-2 Proteus 软件安装程序图标

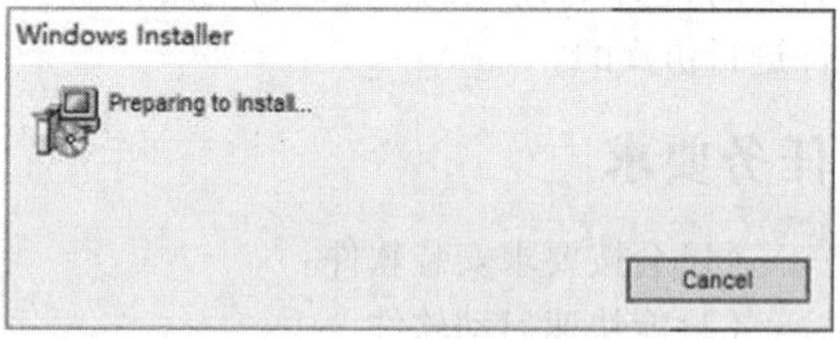

图 1-3-3 准备安装界面

(2)过几秒钟后出现安装界面，单击“Next”进行下一步，如图 1-3-4 所示。

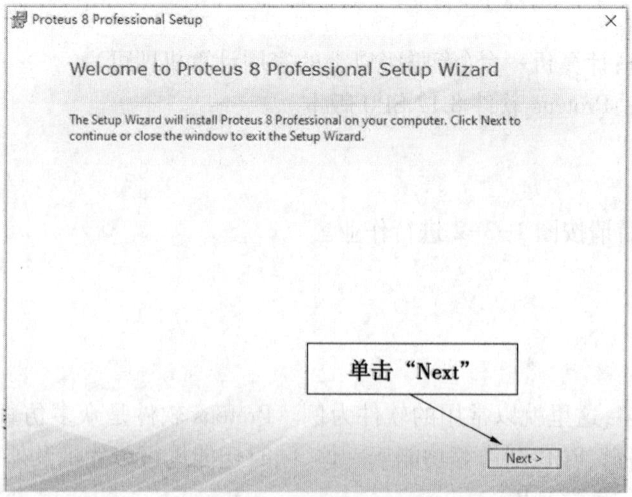

图 1-3-4 安装界面

(3)选中接受许可协议,再单击“Next”,如图 1-3-5 所示。

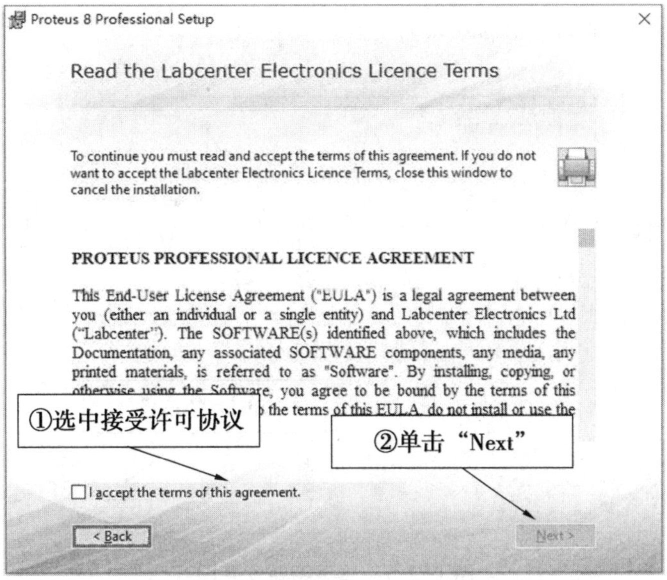

图 1-3-5 同意许可协议界面图

(4)在弹出界面上选择使用本地密钥,再单击“Next”,如图 1-3-6 所示。

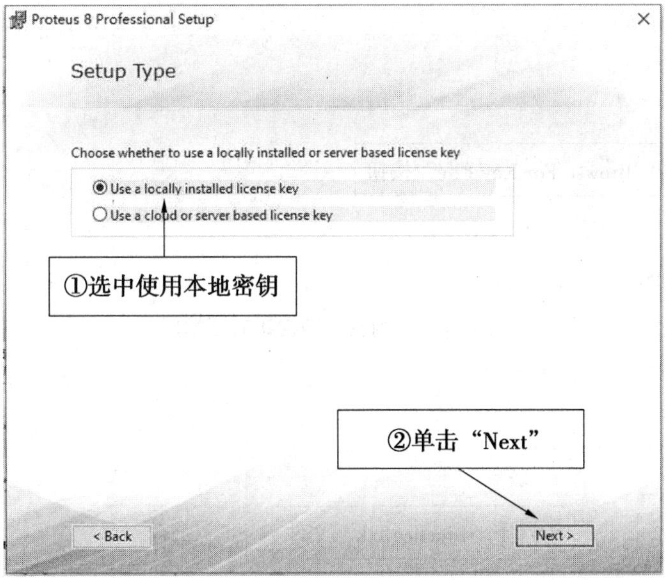

图 1-3-6 使用本地密钥界面

(5)选中“Next”进入本地密钥安装,如图 1-3-7 所示。

(6)在浏览本地密钥对话框单击“Browse For Key File”按钮,弹出打开文件对话框,如图 1-3-8 所示。

(7)在打开文件对话框中,选中本地密钥,单击“打开”按钮,如图 1-3-9 所示。

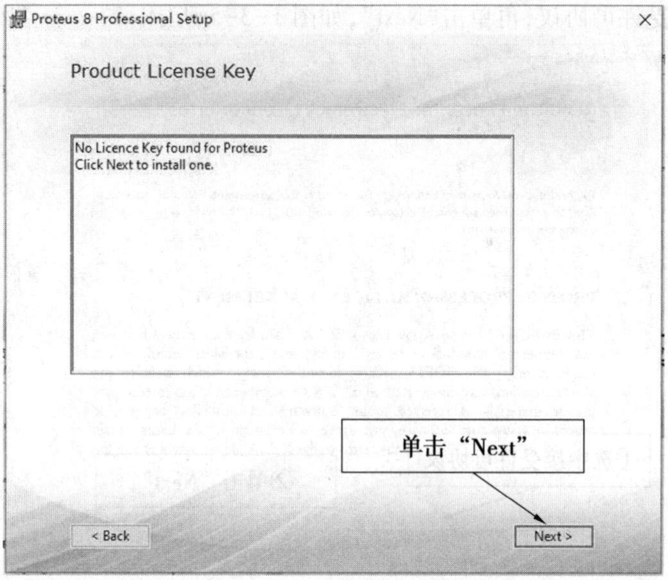

图 1-3-7 本地密钥安装图

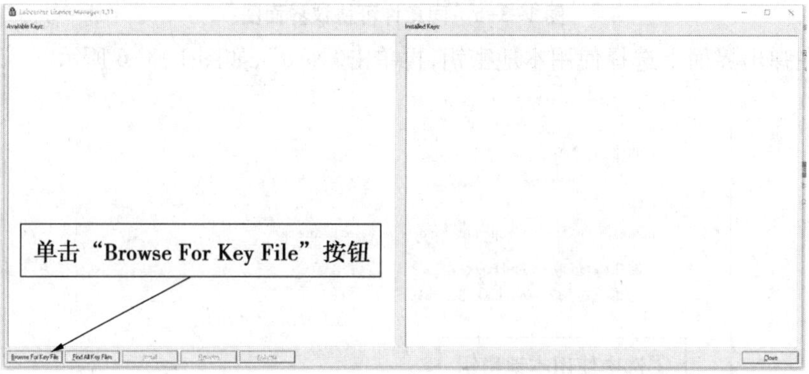

图 1-3-8 浏览本地密钥对话框图

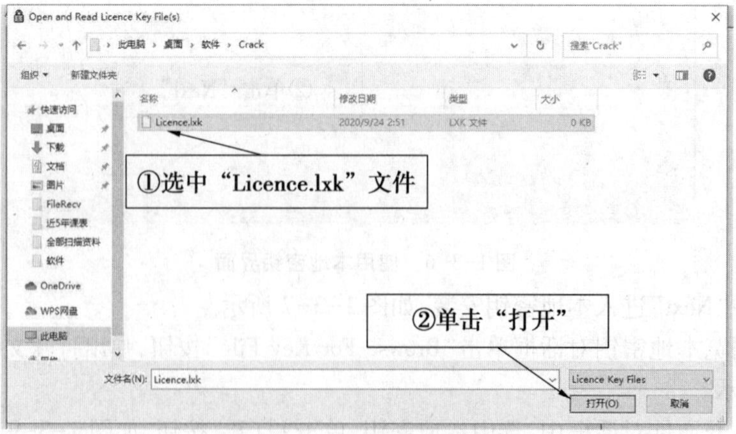

图 1-3-9 打开本地密钥图

(8)在对话框中单击“Install”,安装本地密钥,如图 1-3-10 所示。

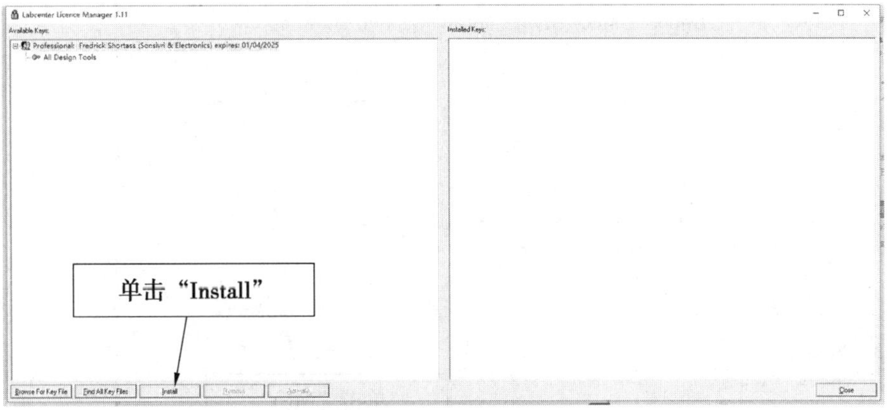

图 1-3-10　安装本地密钥图

(9)在弹出的对话框中单击“是”,继续安装,如图 1-3-11 所示。

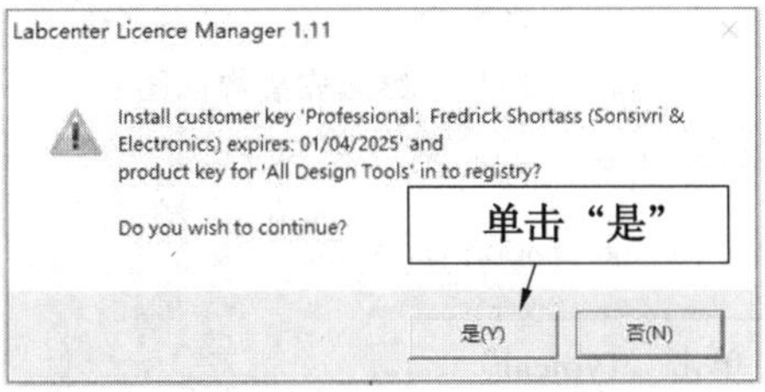

图 1-3-11　确认继续安装对话框图

(10)单击“Close”按钮,完成本地密钥安装,如图 1-3-12 所示。

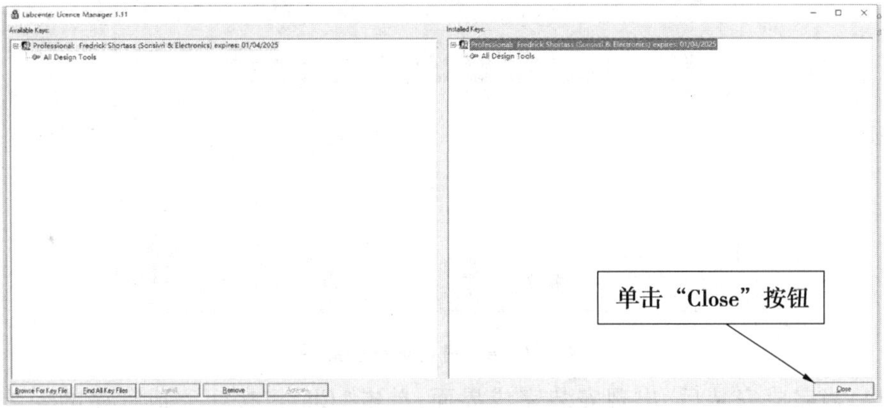

图 1-3-12　完成本地密钥安装图

(11)在安装界面上单击“Next”继续安装,如图 1-3-13 所示。

(12)在弹出的界面上单击“Typical”,进行典型安装,如图 1-3-14 所示。

(13)安装程序将开始安装程序,直到完成安装,如图 1-3-15 所示。

图 1-3-13 继续安装界面图

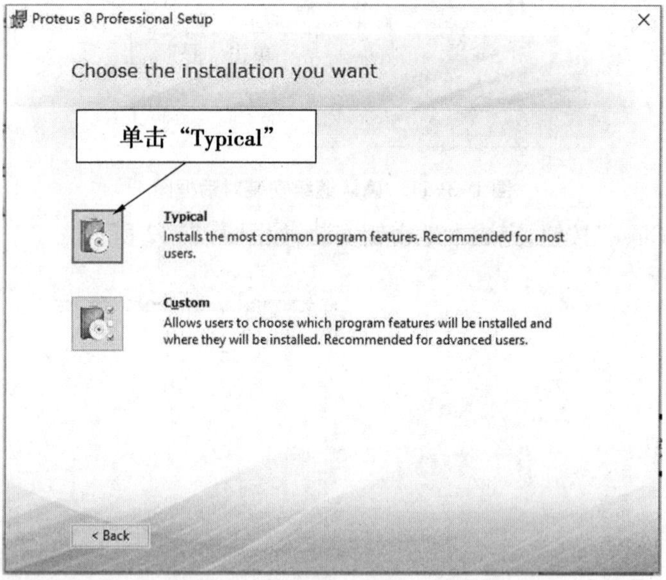

图 1-3-14 进行典型安装图

(14)当完成安装后,出现安装完成界面,单击"Close"按钮完成程序的安装,如图1-3-16所示。

2.使用 Proteus 进行仿真

1)打开 Proteus 软件

双击桌面上的 Proteus 图标,即可打开 Proteus 软件,如图 1-3-17 所示;软件打开后的界面如图 1-3-18 所示。

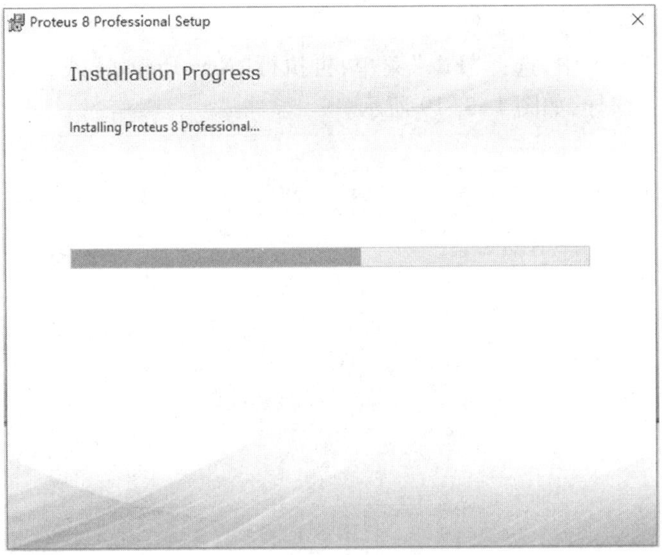

图 1-3-15　安装程序进度指示图

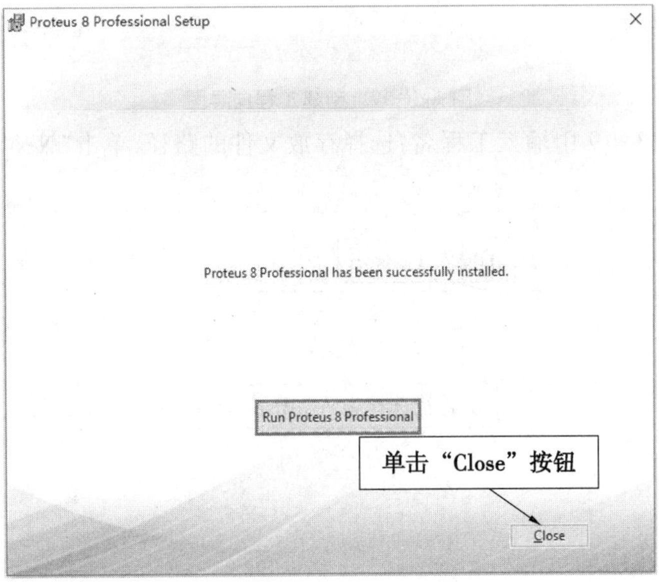

图 1-3-16　完成程序安装图

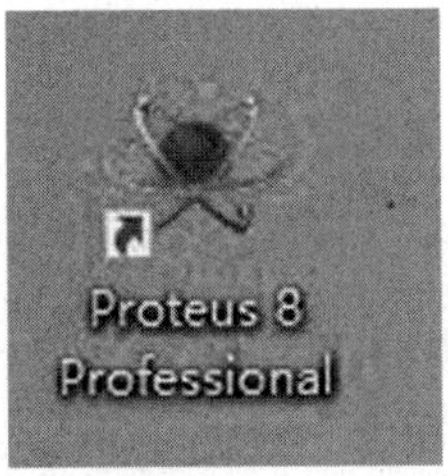

图 1-3-17　Proteus 图标

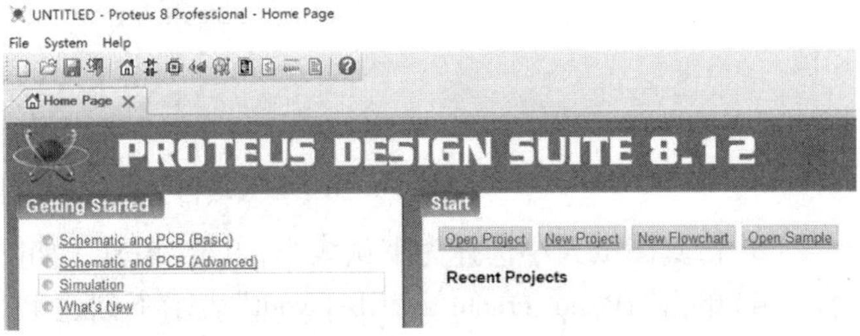

图 1-3-18　打开 Protues 软件部分界面图

2)新建项目文件和仿真文件

(1)在图 1-3-18 中,选择“File”菜单,再执行“New Project”或直接按快捷键“Ctrl+N”,弹出新建工程向导,如图 1-3-19 所示。

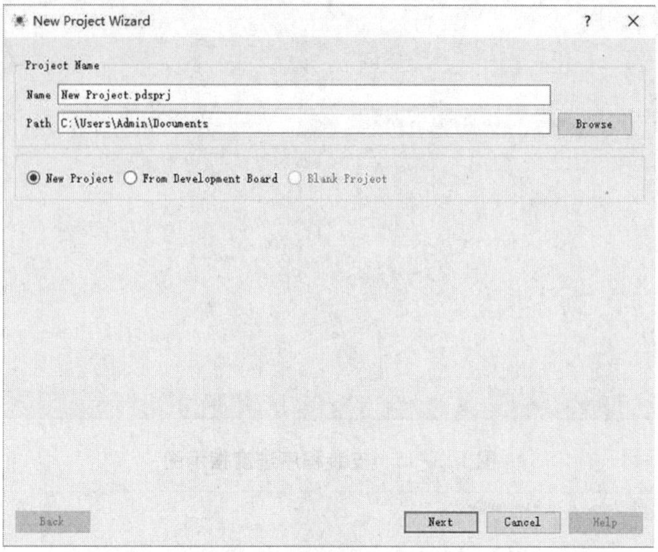

图 1-3-19 新建工程向导图

(2)在图 1-3-19 中输入工程名,选择存放文件的路径,单击“Next”,如图 1-3-20 所示。

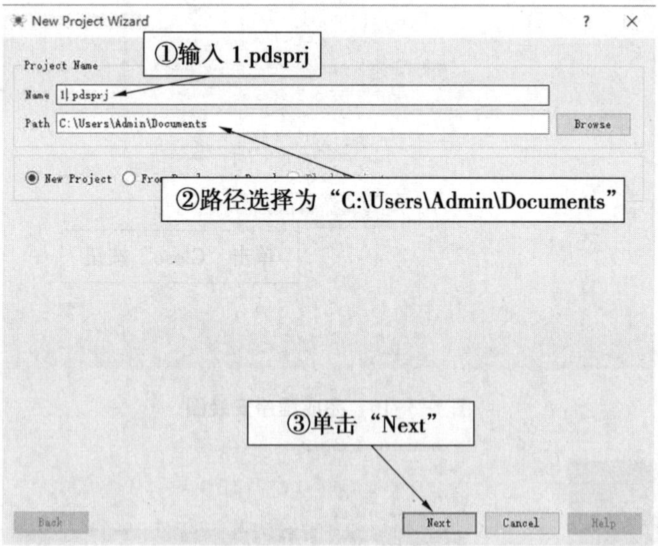

图 1-3-20 输入项目文件名、选择路径图

(3)仿真图纸大小选择为默认大小,单击“Next”,如图 1-3-21 所示。

(4)单击“Do not create a PCB layout”表示不创建 PCB 文件,单击“Next”,如图 1-3-22 所示。

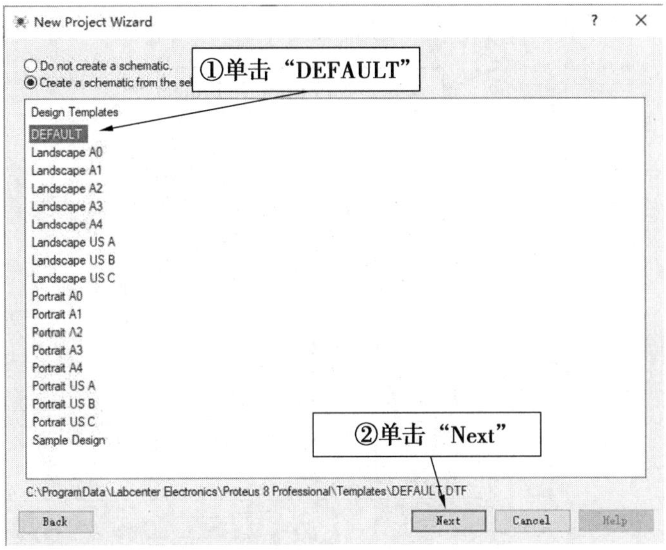

图 1-3-21　选择图纸大小图

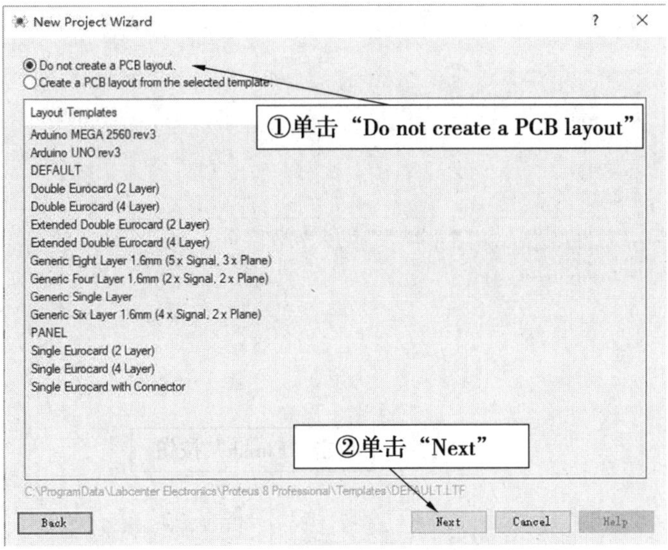

图 1-3-22　设置不创建 PCB 文件图

(5)如不需要在 Proteus 软件中进行编程,单击"No Firmware Project",再单击"Next",如图 1-3-23 所示。

(6)单击"Finish"按钮完成创建新项目和仿真文件,如图 1-3-24 所示。

(7)完成后的界面,如图 1-3-25 所示。

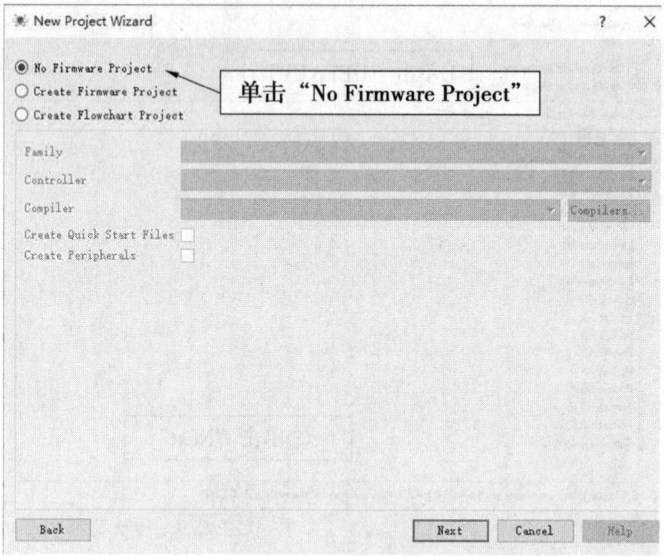

图 1-3-23 设置不在 Proteus 软件中进行编程图

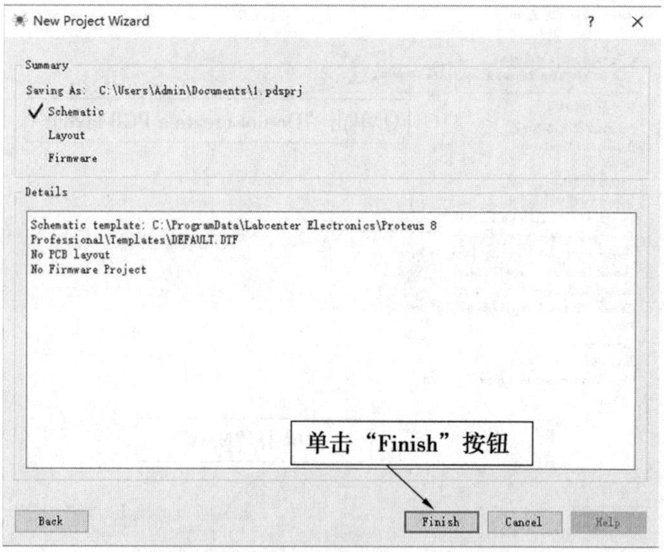

图 1-3-24 完成创建新项目和仿真文件

3.使用 Proteus 进行单片机仿真

1)放置元器件

(1)在图 1-3-25 上单击“P”按钮(挑选元器件模式),弹出选择元器件对话框,如图 1-3-26 所示。

(2)在图 1-3-26 的“Keywords:”下输入元器件名称,如输入“89C52”,在元器件列表处将显示包含 89C52 的元器件,如图 1-3-27 所示。

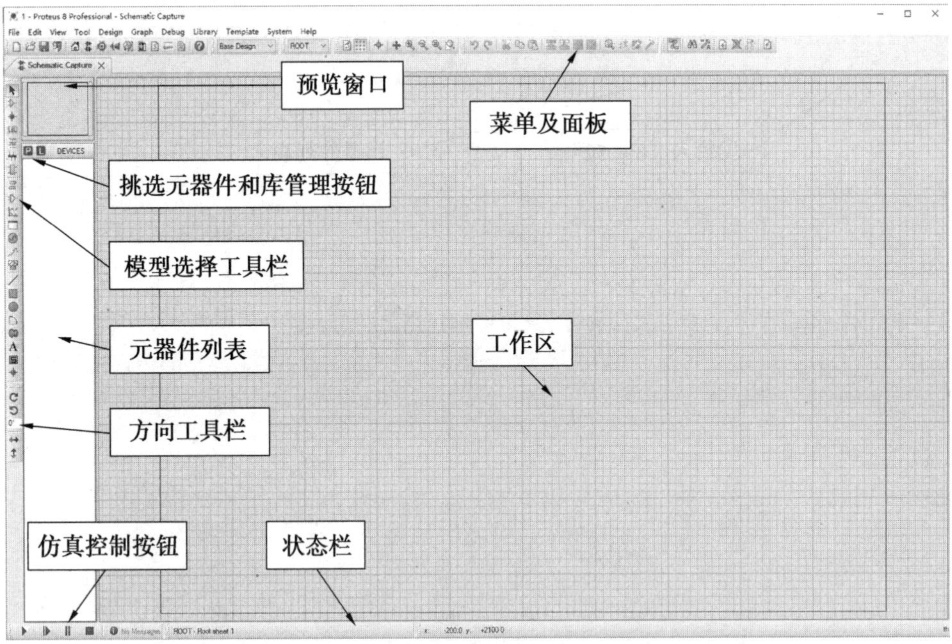

图 1-3-25　完成创建新项目和仿真文件后的界面图

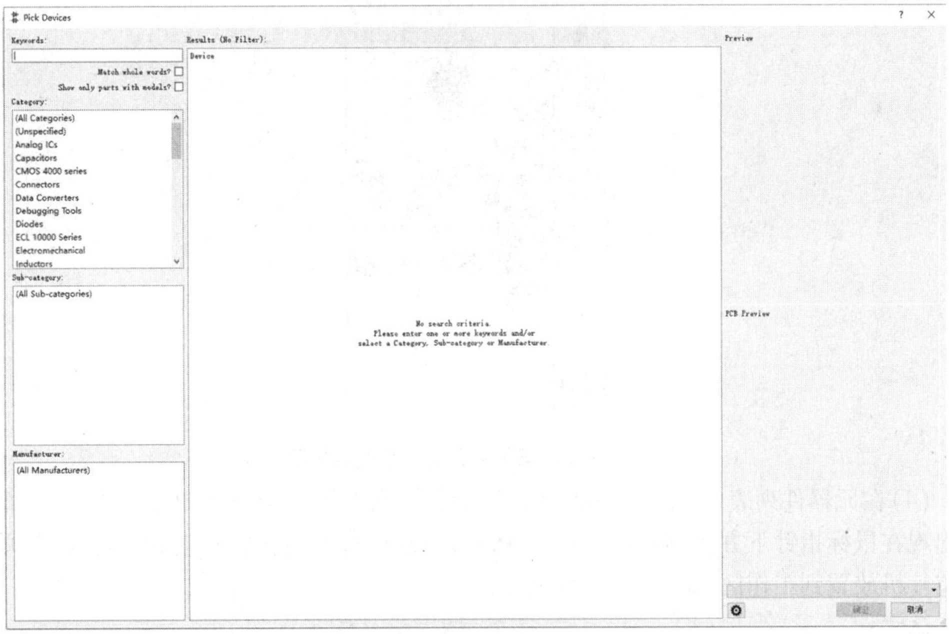

图 1-3-26　选择元器件对话框

(3)在元器件列表中双击“AT89C52”可将元器件放到元器件列表区。同上面步骤将电阻“RES”、发光二极管“LED-RED”放到元器件列表中,所有元器件放完后,单击图 1-3-27 中的“确定”,完成元器件的选择。添加完的效果如图 1-3-28 所示。

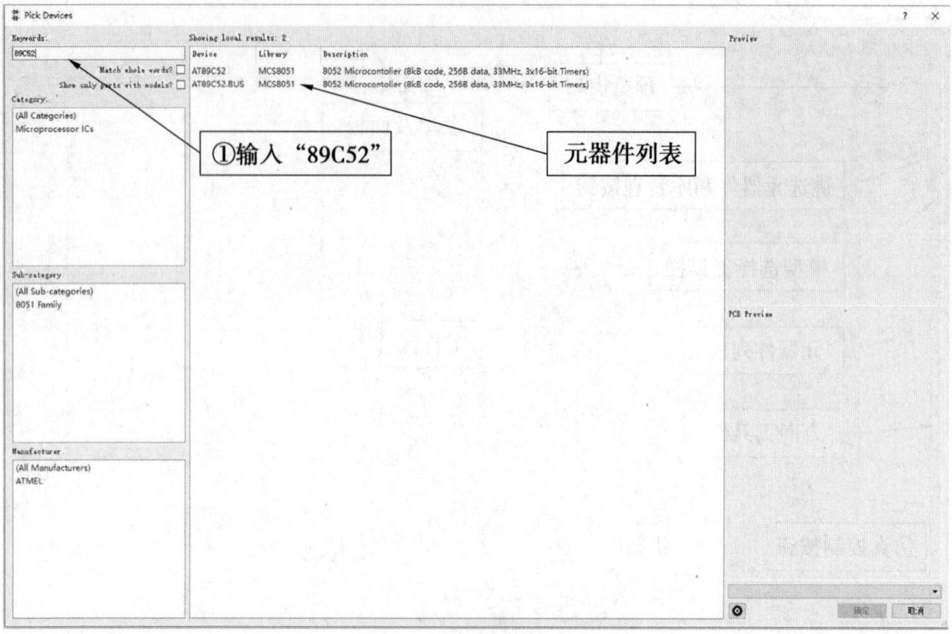

图 1-3-27　查找元器件

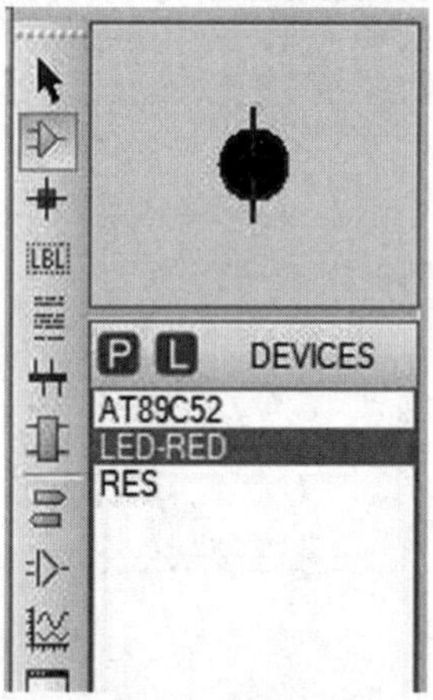

图 1-3-28　添加完元器件后的效果图

(4)在元器件列表中,单击 AT89C52,移动鼠标到工作区,再次单击则 AT89C52 单片机出现在鼠标指针下方,移动鼠标则单片机跟随鼠标移动,将鼠标移动到合适位置,单击将单片机放置到工作区,如图 1-3-29 所示。

注意:

单击可顺时针旋转元器件,单击可逆时针旋转元器件,单击左右翻转元器件,单击上下翻转元器件。

(5)步骤同前,将 LED-RED、RES 元件放置到工作区,元器件放置完成后如图 1-3-30 所示。

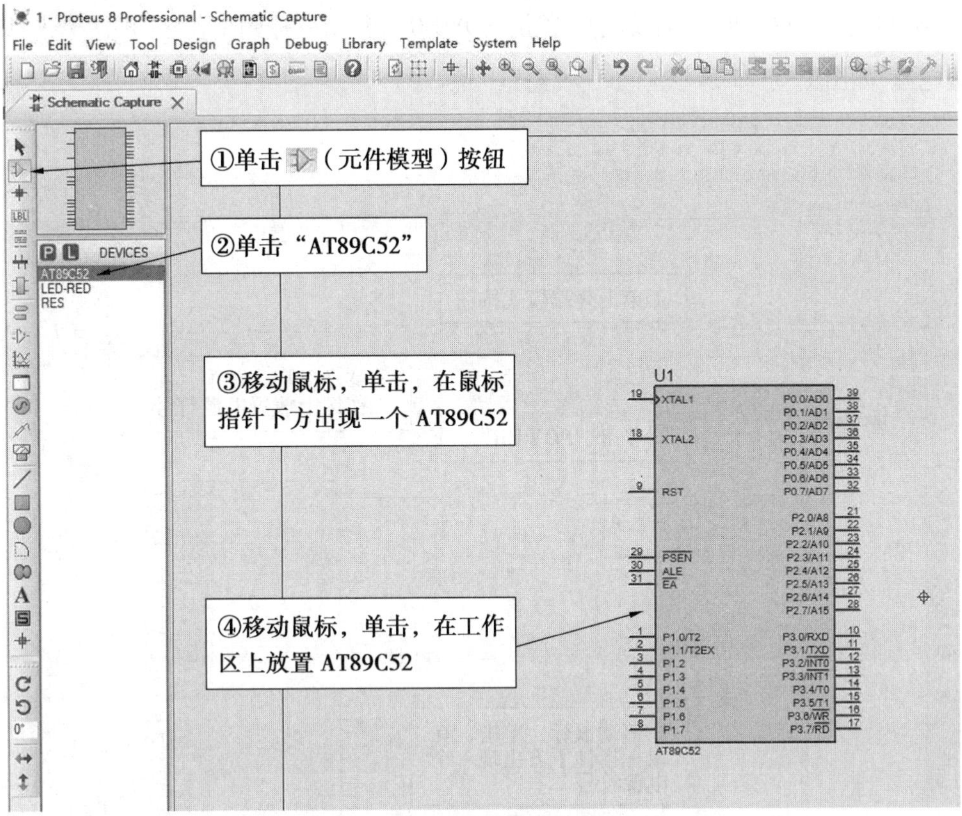

图 1-3-29　放置单片机

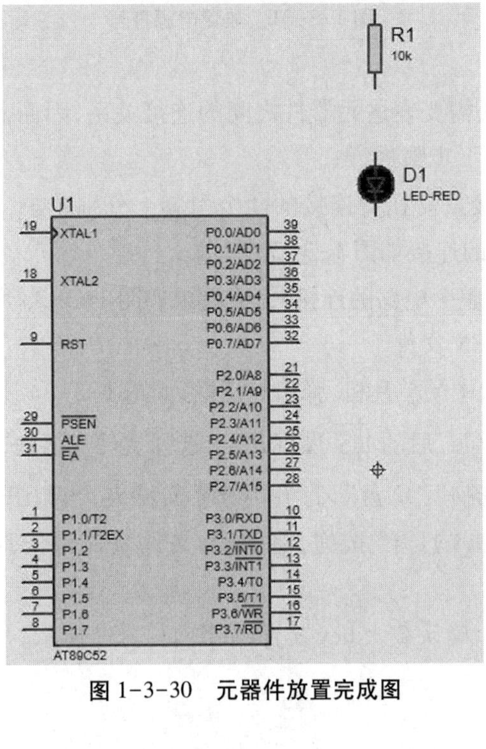

图 1-3-30　元器件放置完成图

(6)单击 按钮(终端模式),单击“POWER”,移动鼠标到工作区,再次单击,即可放置电源,如图 1-3-31 所示。

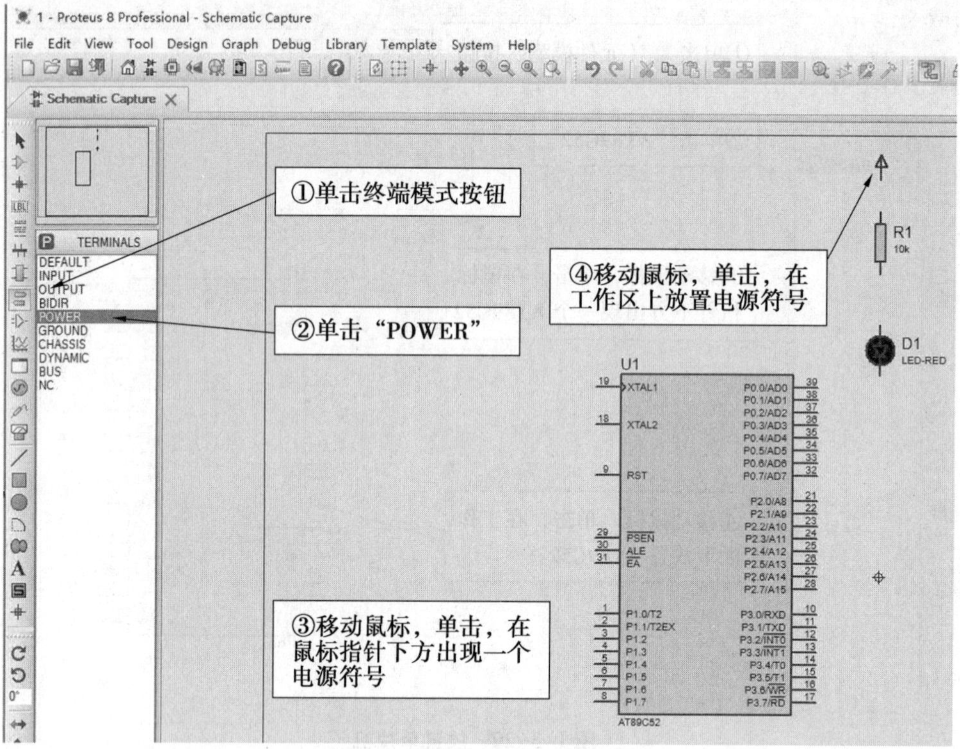

图 1-3-31 放置电源符号

2)连接电路

元器件放置好后,还需要表达元器件之间的连接关系,因而需对其进行连线操作,在 Proteus 中连线操作按以下步骤进行。

(1)进行电路的连接只需在要连接的两个引脚上分别单击,在转弯的地方单击就可完成。电源和电阻引脚的连接如图 1-3-32 所示。

(2)步骤同前,完成整个电路的连接,完成效果如图 1-3-33 所示。

3)在仿真中载入 HEX 文件

(1)单击图 1-3-33 中的单片机,弹出对话框,如图 1-3-34 所示。

(2)单击“Program File”后的 图标,弹出选择文件对话框,如图 1-3-35 所示。

(3)依次单击“此电脑”“C 盘”,打开“C51”文件夹,再打开“Objects”文件夹,单击“li1.hex”文件,最后单击“打开”按钮,将 HEX 文件载入到仿真文件中,如图 1-3-36 所示。

(4)单击“OK”按钮,确认载入 hex 文件,如图 1-3-37 所示。

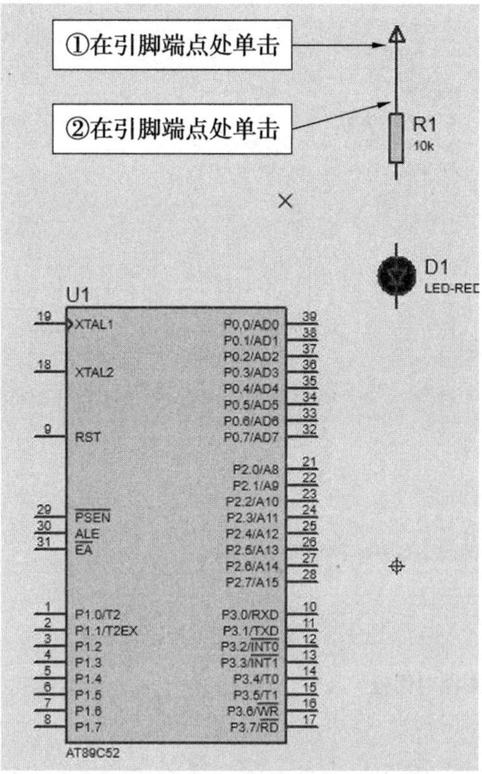

图 1-3-32　连接电源与电阻

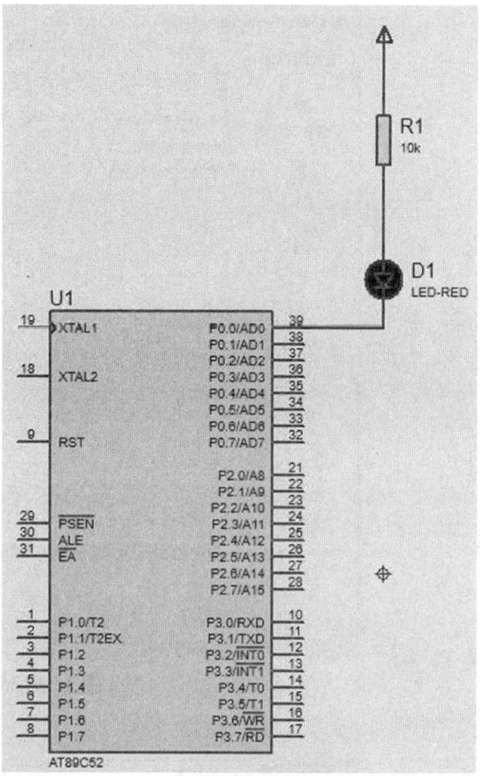

图 1-3-33　点亮一个灯的仿真电路图

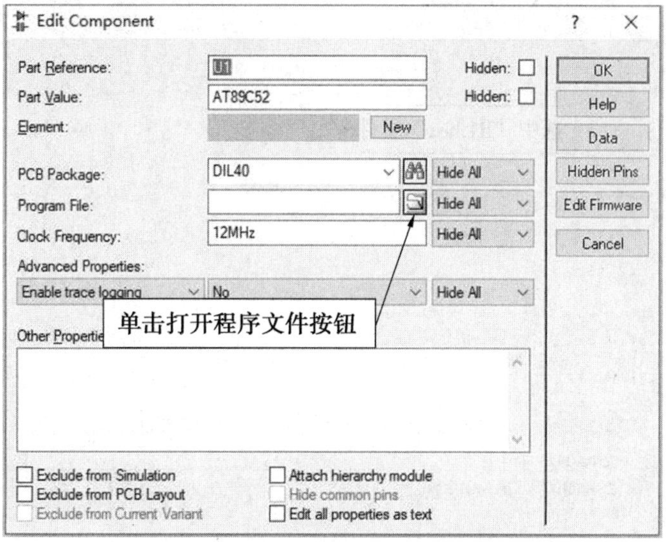

图 1-3-34　编辑元件对话框

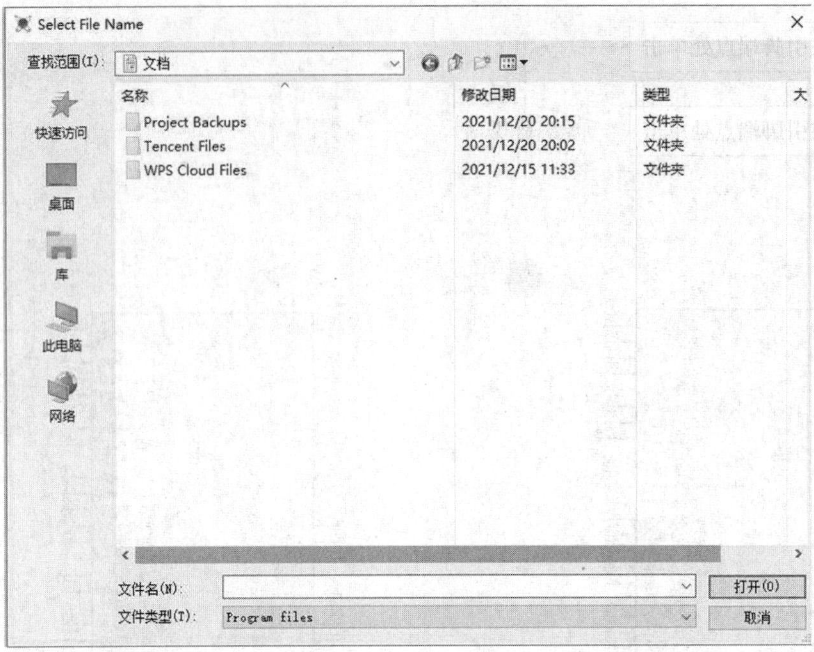

图 1-3-35 选择文件对话框

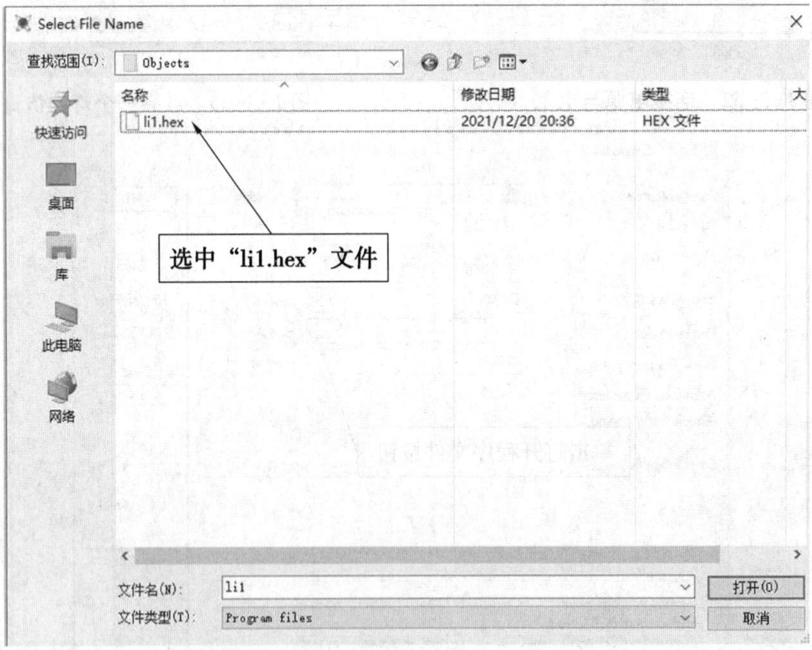

图 1-3-36 载入 HEX 文件到仿真文件

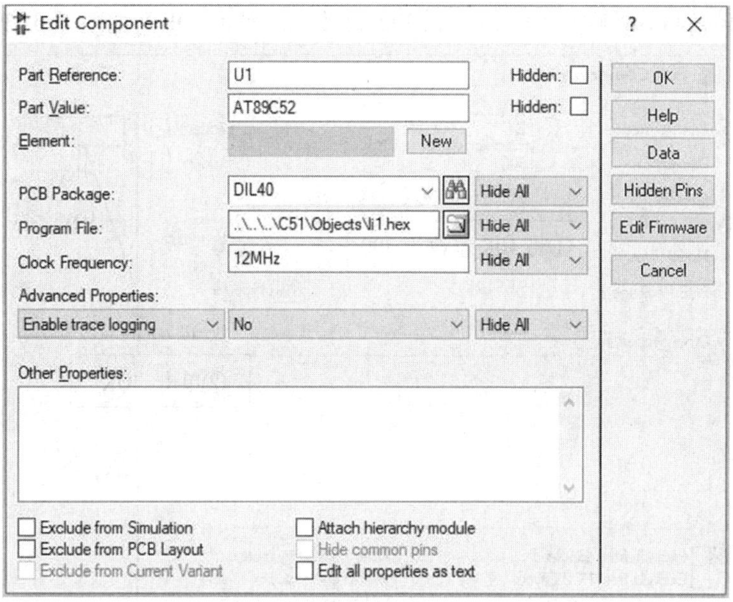

图 1-3-37　**确认载入 HEX 文件**

4)修改参数

元器件列表中的元器件其参数有时不是我们想要的,因此需要对元器件参数进行修改。以修改电阻阻值为例,其操作步骤如下。

(1)双击工作区中的 RES 元器件,进入元器件参数修改对话框,如图 1-3-38 所示。

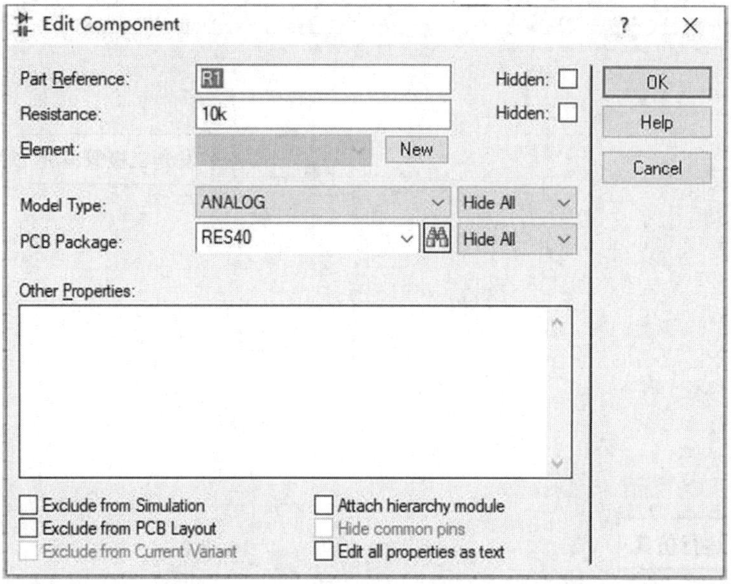

图 1-3-38　**进入元器件参数修改对话框**

(2)将“Resistance”后的10K修改为300,修改完后单击“OK”,如图1-3-39所示。

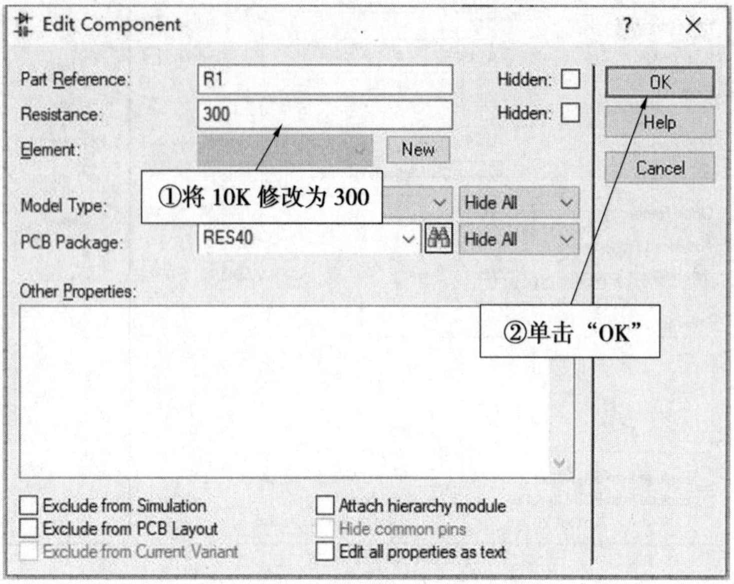

图1-3-39 修改元器件参数

5)运行仿真

单击状态栏上的 ▶ 图标,可运行仿真,仿真运行效果如图1-3-40所示。

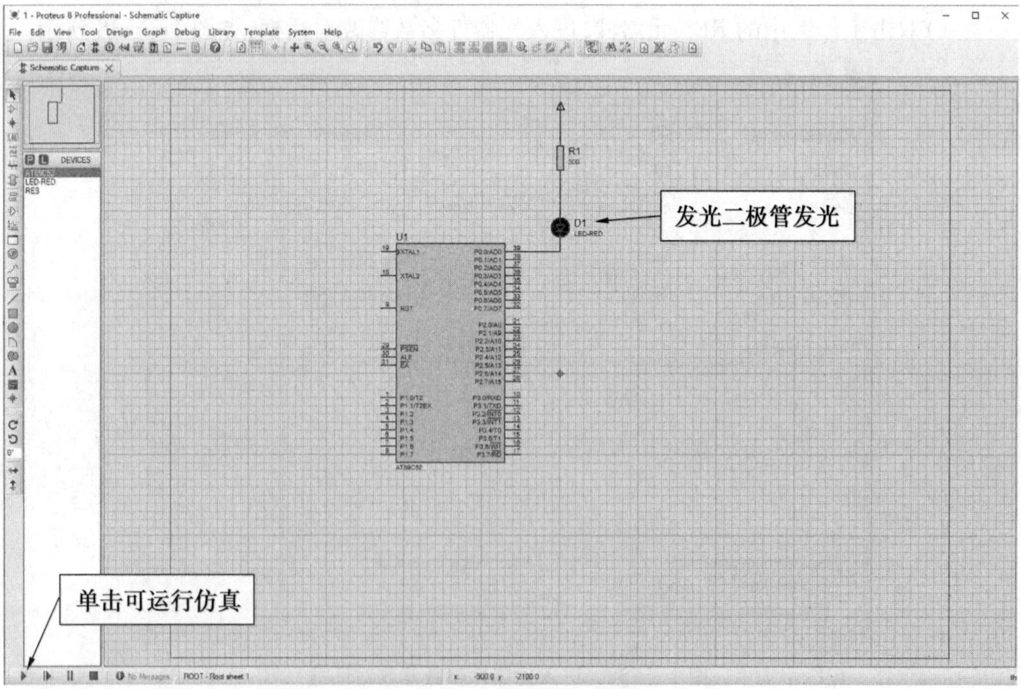

图1-3-40 运行仿真后的效果

注意：

单击 ■ 图标，可停止仿真；单击 ‖ 图标，暂停仿真；单击 ▶ 图标，以步进方式进行仿真。

自评

项目内容	完成要求	分配分值/分	完成情况	自评分值
软件安装	能安装 Proteus 软件	10		
建立工程文件	能新建工程文件	10		
	能保存工程文件	10		
建立仿真文件	会放置元器件	20		
	会修改元器件参数	10		
	会放置电源等端口	10		
	会正确进行进电路图连线操作	10		
运行仿真	会在仿真电路图中载入 HEX 文件	10		
	会使用 Proteus 进行单片机仿真	10		

知识探究

本书使用的元器件名称对照表

元器件中文名	元器件名称	元器件中文名	元器件名称
电阻	RES	电容	CAP
二极管	Diode	电感	inductor
发光二极管	LED	三极管	NPN 或 PNP
51 系列单片机	MCS	滑线变阻器	POT
晶闸管	SCR	直流电机	motor
开关	switch	按键	button
步进电机	motor-stepper	温湿度传感器	DHT11
蜂鸣器	Buzzer	排阻	Respack-8 或 RX8
数码管	以 7seg 开头	LCD1602	Lm016L
OLED	SSD1306 或 SSD1308	继电器	RELAY
温湿度传感器	DHT11		

学习领航

在20世纪六七十年代,我国就在自动控制上应用计算机仿真技术,近年来仿真技术取得了极大的发展,在国防、交通、能源等领域得到了广泛的应用。

任务四 下载程序

任务引入

要实现程序对电路的控制,下载程序是必不可少的。它能实现把用户编译好的HEX文件写入单片机芯片,然后用单片机去控制设备正常运行。现在单片机下载方式很多,这里只讲解最常见、最实用的串口下载,其连接效果如图1-4-1所示。

图1-4-1 串口下载连接效果图

任务要求

(1)能正确连接下载器与电路板。

(2)会设置下载软件。

(3)能正确使用下载软件。

准备工作

下载器一个,电子烟花电路板一块,连接线若干。

作业流程图

器材准备好后请按图1-4-2进行作业。

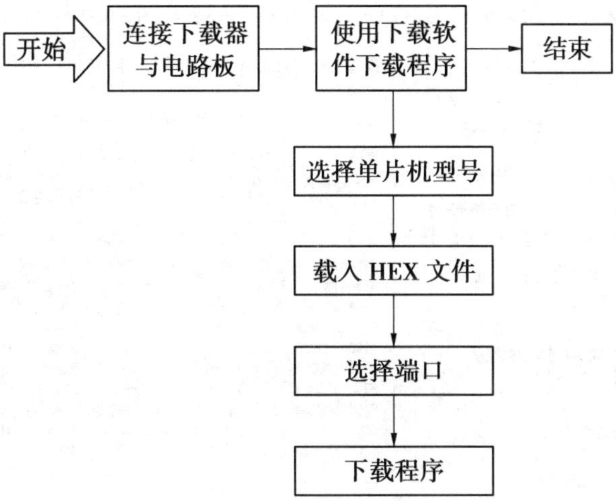

图 1-4-2　作业流程图

作业过程

1.连接下载器与电子烟花电路板

下载器与电子烟花电路板的连线对应关系见表 1-4-1。

表 1-4-1　下载器与电子烟花电路板连线对应表

器件名称	引　脚			
下载器	5 V	GND	RXD	TXD
电子烟花电路板	5 V	GND	TXD	RXD

2.下载软件的使用

(1)双击图标,在弹出对话框中选择“是”,关闭其他的对话框,打开下载软件,如图 1-4-3 所示。

(2)首先选择下载芯片,如图 1-4-4 所示。

(3)向下拉动下拉列表,出现芯片选择列表,选择 STC8A8K64S4A12 系列,如图1-4-5 所示。

(4)双击或者单击“STCSTC8A8K64SA12 系列”前面的“+”号,进入具体芯片选择界面,选择“STC8A8K64SA12”芯片,如图 1-4-6 所示。

(5)选择好芯片后,下一步就是打开程序文件的操作,如图 1-4-7 所示。

(6)依次单击“此电脑”“C”盘“C51”“Objects”可打开 HEX 文件所在的目录,选择程序,再单击“打开”按钮,但必须是后缀为“.hex”的文件,如图 1-4-8 所示。

图 1-4-3　打开下载软件

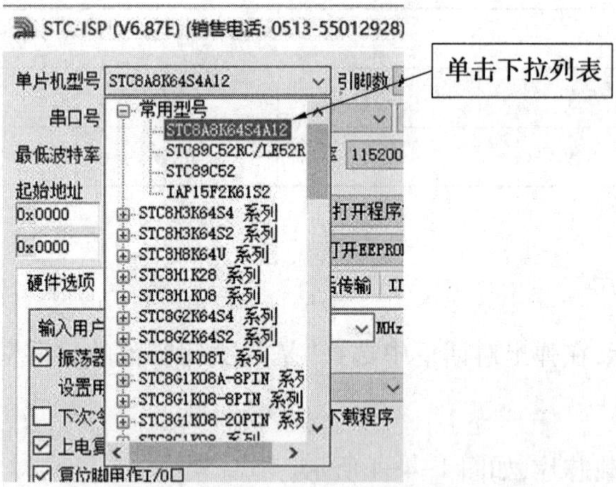

图 1-4-4　芯片选择界面

(7)选择好后出现下图,进行下载端口设置,如图 1-4-9 所示。

注意:如果不知道当前插入的串口号,可以单击“扫描”按钮,即可以切换到对应的串口号。

(8)端口设置好后,修改单片机频率为 24 MHz,其余可以不设置,保持默认状态,直接进行下载操作,如图 1-4-10 所示。

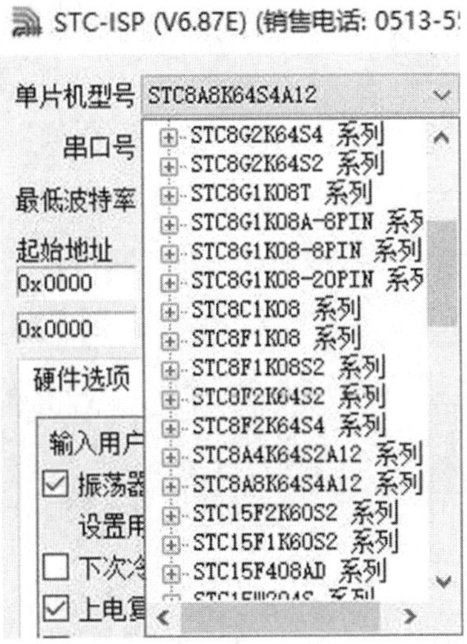

图 1-4-5　选择 STC8A8K64S4A12 系列

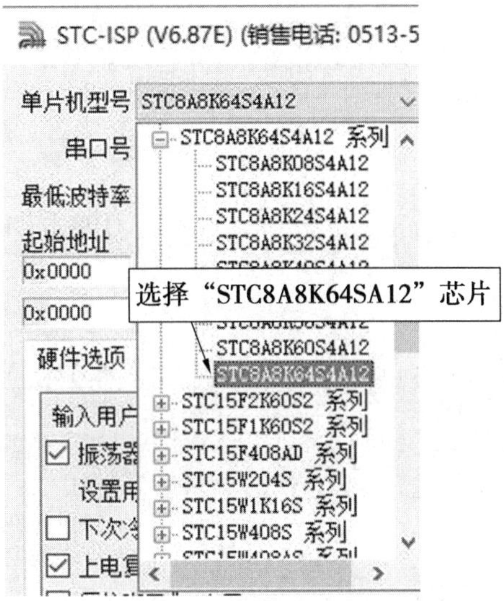

图 1-4-6　选择具体芯片

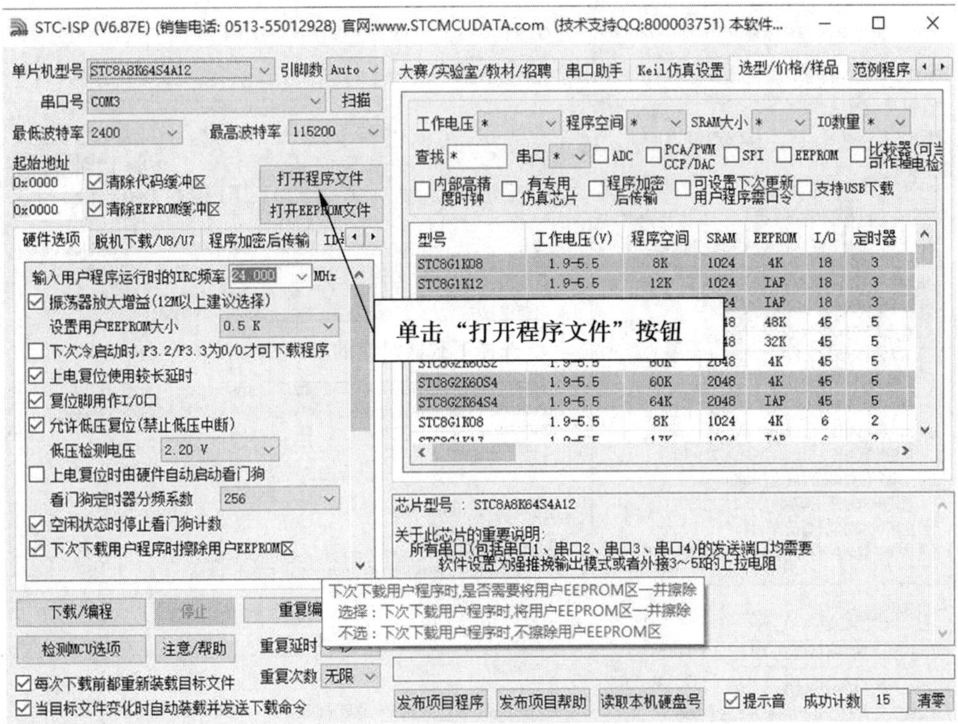

图 1-4-7　程序文件打开操作图

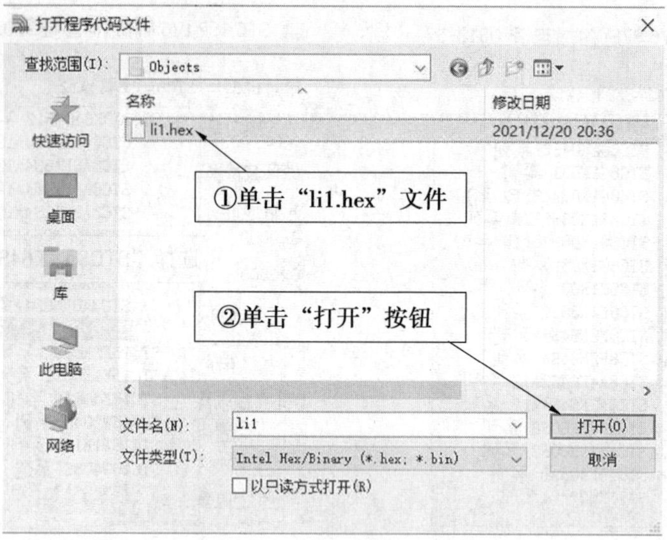

图 1-4-8　程序文件选择图

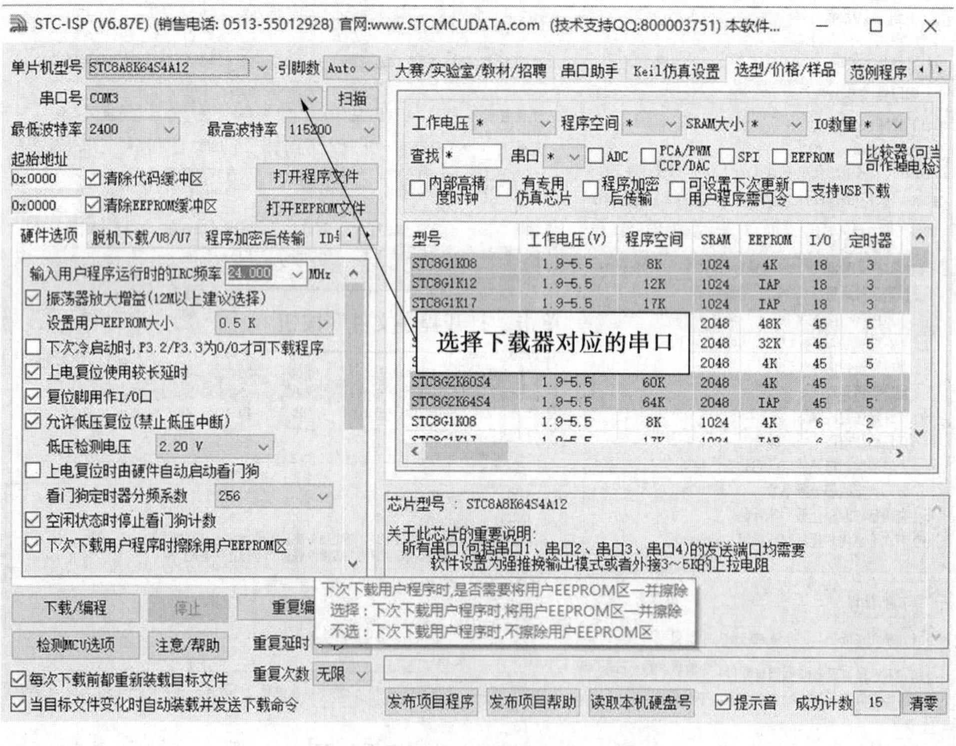

图 1-4-9　端口设置图

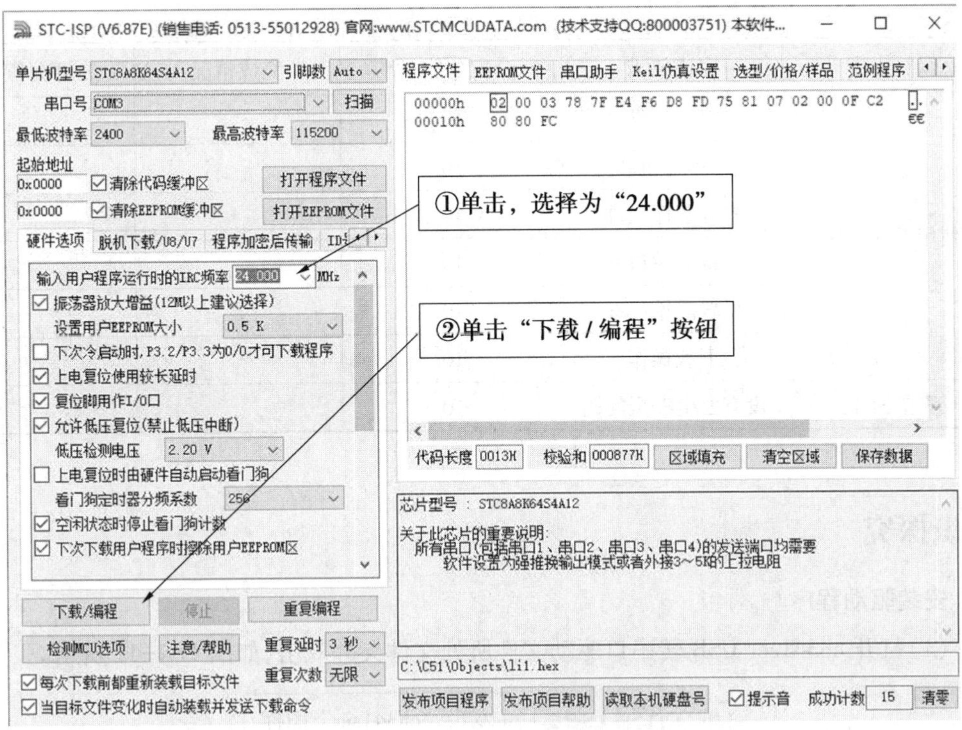

图 1-4-10　程序下载操作界面

想一想

你能记住全部的操作吗？

做一做

动手将一个 HEX 文件下载到芯片中。

自评

项目内容	完成要求	分配分值/分	完成情况	自评分值
软件安装	能安装驱动软件	20		
线路连接	能正确连接下载器与电子烟花电路板	10		

续表

项目内容	完成要求	分配分值/分	完成情况	自评分值
使用下载软件	打开软件	10		
	选择单片机芯片	10		
	打开程序文件	10		
	设置端口	10		
	设置晶振频率	10		
	下载操作	10		
安全操作	没有发生安全问题	10		

知识探究

安装驱动程序

(1)打开 ch341ser USB 转串口驱动文件所处文件夹并双击,如图 1-4-11 所示。

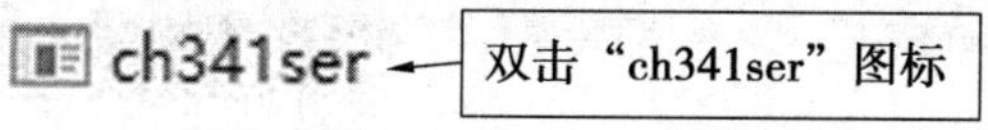

图 1-4-11 ch341ser USB 转串口芯片程序图标

(2)在弹出的对话框中选择“是”,进入程序安装界面,在程序安装界面中单击“安装”按钮开始安装程序,如图 1-4-12 所示。

(3)稍等一小会儿,出现驱动预安装成功界面,如图 1-4-13 所示。

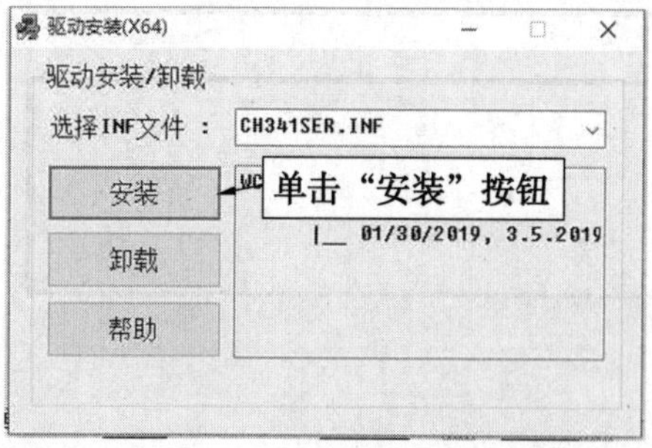

图 1-4-12 程序安装界面

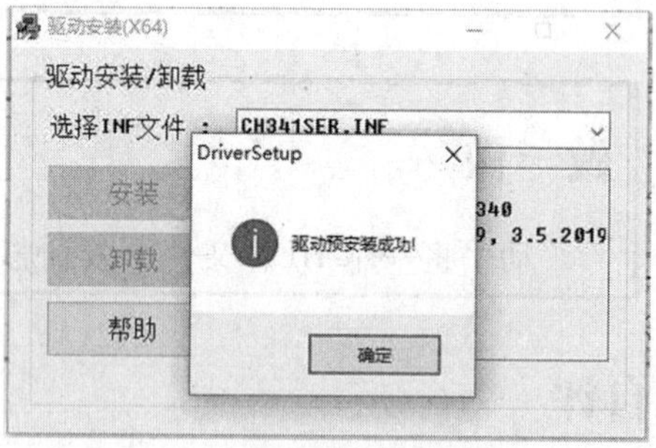

图 1-4-13 驱动预安装成功界面

学习领航

STC 单片机下载程序可以使用串口来进行,相对于早期的 89 系列单片机下载程序简单很多。引领单片机程序下载方式进行变革,提升了我国在 51 系列单片机的地位。

学习检测

一、填空题

1.STC8A864S4 系列单片机有________只引脚,其中________是 VCC,________是 VSS。

2.STC8A864S4 系列芯片一共有________个输出端口。

3.若保存程序文件是 C 语言,则其文件名后缀是________。

4.Proteus 中常用的电阻元器件名称是__________。

5.下载软件在选择单片机型号时应选择________________。

二、作图题

1.请画出 STC8A864S4 系列芯片的引脚分布图。

2.请画出 STC8A864S4 系列芯片的 P0 端口控制灯光图。

3.请画出 STC8A864S4 系列芯片 P0.6 控制发光二极管图。

三、操作题

1.请在 D 盘 C51 目录下安装 Keil C 程序。

2.建立以“点亮一个二极管”为名的工程文件。

3.建立以“LED”为名的 C 语言程序文件。

4.将例子程序输入 C 语言程序文件中。

5.对 2、3、4 题进行编译,将生成的 HEX 文件下载到芯片中,观察效果。

项目二

电子烟花

在我们的日常生活中到处都可以看到五颜六色的霓虹灯、手机呼吸灯等，其实它们就是单片机的一些简单应用，如图2-0-1所示。

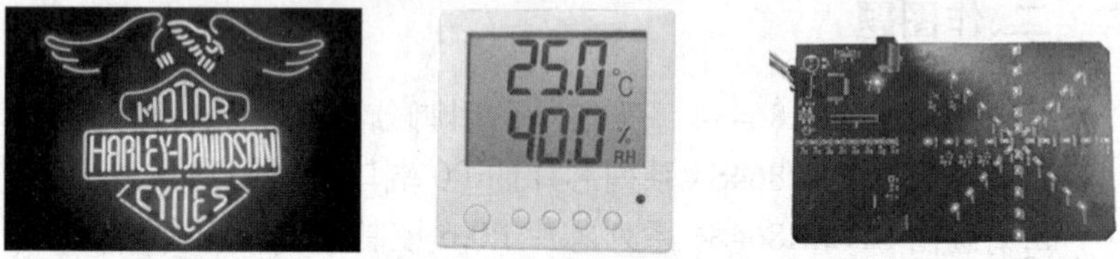

（a）霓虹灯　（b）手机呼吸灯　（c）电子烟花实验板灯光图

图2-0-1　单片机的应用

前面我们已经学习了单片机的基本知识，下面就学习怎样用单片机来控制灯光。

【知识目标】

（1）熟悉发光二极管与P0—P3端口的连接。

（2）熟悉定时器/计数器单片机的软件。

【能力目标】

（1）会编程控制P0.0口灯的亮灭。

（2）会编程控制P0口灯顺逆发光。

（3）会用定时器/计数器控制蜂鸣器发出声音。

【情感态度】

（1）培养乐于表达和交流的态度，以及能根据现象探究科学的态度。

（2）体会在探究中学习合作的必要性和重要性。

任务一　点亮一个 LED

任务引入

任何一个单片机爱好者都是从点亮一个 LED 开始学习的。今天的第一个任务也是点亮一个 LED，大家先看看点亮一个 LED 的效果。注意，这是通过编写程序来实现点亮一个 LED 的，而不是直接给 LED 加电压使其发光，如图 2-1-1 所示。

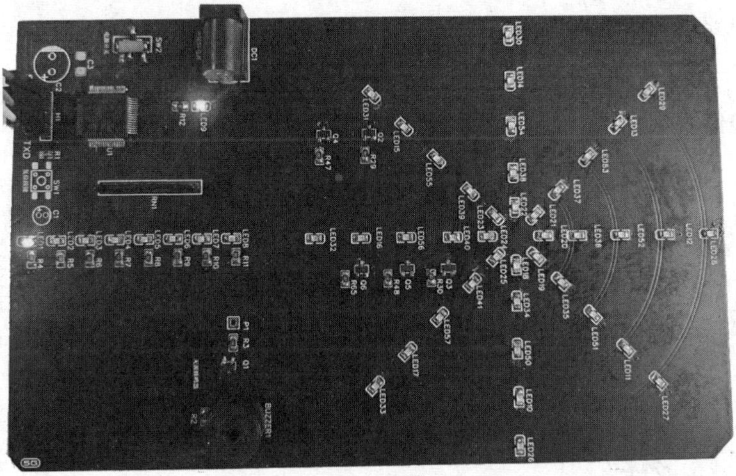

图 2-1-1　点亮一个 LED 效果图

任务要求

(1)理解控制一个 LED 发光的原理。

(2)知道程序流程图及结构。

(3)会设置 P0.0 口为低电平。

准备工作

(1)器材准备：电子烟花电路板一块。

(2)工具准备：白色 A4 纸一张、作图工具一套、笔一支。

作业流程图

准备工作完成后，请按图 2-1-2 进行作业。

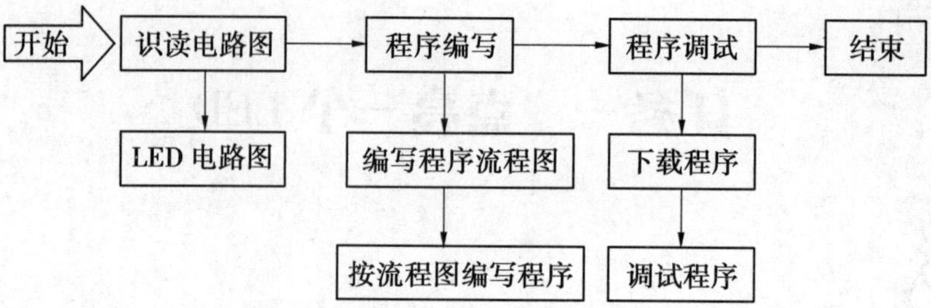

图 2-1-2　任务作业流程图

作业过程

1.识读电路图

点亮一个 LED 控制电路图如图 2-1-3 所示。

2.编写控制程序

(1)点亮一个 LED,按如下流程执行程序,如图 2-1-4 所示。

图 2-1-3　点亮一个 LED 控制电路图

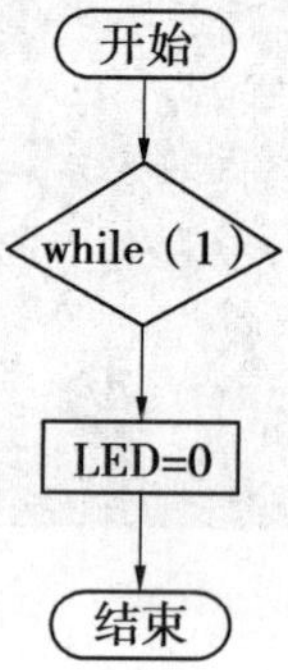

图 2-1-4　程序流程图

(2)源程序

```
#include <stc8.h>                   //头文件
sbit LED=P0^0;                      //定义 P0 口的 0 口为 LED,以便进行位操作
void main()                         //main 是主函数名,表示这个函数是一个主
                                      函数。每个 C 源程序都必须有且只能有一
                                      个主函数
{
  while(1)                          //无限循环
  {
    LED=0;                          //点亮 LED
  }
}
```

3.程序调试

(1)下载程序:将程序下载到芯片中。

(2)调试程序:程序正常后效果如图 2-1-5 所示。

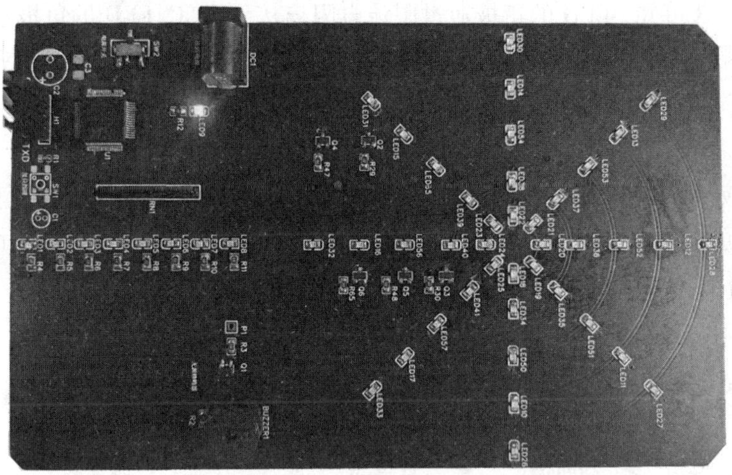

图 2-1-5　程序正常后的效果图

在这个任务中学会了设置端口的低电平来点亮 LED,知道程序的基本结构并了解 sbit,while 语句的用法。

想一想

LED 为什么会亮?

做一做

控制 P0.7 上的 LED 发光。

自评

项目内容	完成要求	分配分值/分	完成情况	自评分值
编写程序	程序结构正确	20		
	源程序正确	20		
调试程序	调试程序正确	20		
控制 P0.7 上的 LED	程序结构正确	20		
	源程序正确	20		

知识探究

1.I/O 口控制原理

由图 2-1-3 可知，LED 的正极通过限流电阻连接到 VCC，LED 的负极连接到单片机的 I/O 口。因此，要使 LED 发光，只需把 I/O 口设置成低电平即可。所以对 LED 的控制变成了对一个 I/O 口的控制。把 P0.0 口设置成低电平，就能点亮 LED。

2.位定义

在 51 系列单片机内部数据存储器中，20H—2FH 为位操作区域，其中每一位都有自己的位地址，可以对每一位进行位操作，也可以对 P0—P5 口每一个端口进行位定义。

3.流程图

用流程图表示算法，直观形象，易于理解。

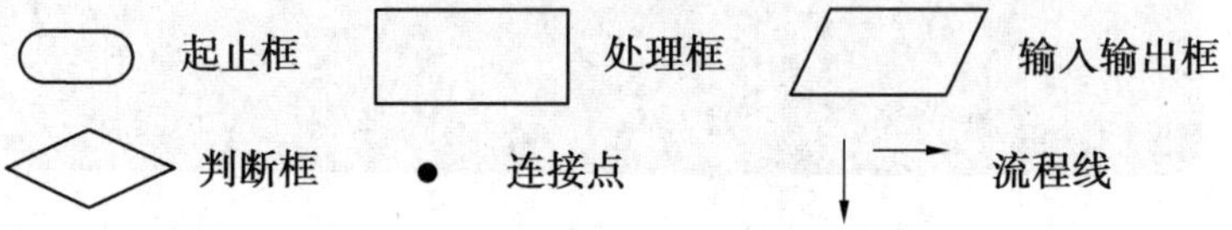

4.循环控制

循环控制结构是程序中的另一个基本结构。在实际问题中，常常需要进行大量的重复处理，循环结构可以使我们只写很少的语句，而让计算机反复执行，从而完成大量类同的计算。

5.书写程序规则

从书写清晰，便于阅读、理解、维护的角度出发，在书写程序时应遵循以下规则。

(1)一个语句占一行，如：

```
#include <stc8.h>                    //头文件
```

(2)用{}括起来的部分，通常表示了程序的某一层次结构。{}一般与该结构语句的第一个字母对齐，并单独占一行。

```
void main()                          //主函数
{
  while(1)                           //无限循环
  {
      P0=0x00;                       //关闭其他的 LED 灯
      P0=0XFE;                       //点亮一个 LED
  }
}
```

(3)低一层次的语句可比高一层次的语句缩进若干格后书写，以便看起来更加清晰，增加程序的可读性。

```
{                                    //一层
```

```
  {                                         //二层
    .
    .
    .
  }
}
```

(4)单行注释。

注释文字较少,可以在一行内写完,可以使用单行注释,单行注释使用“//”符号,在此符号后的同一行文字为注释文字,不会被编译。

```
#include <stc8.h>                    //头文件
```

上一行中“//头文件”是一个单行注释。

(5)多行注释。

注释文字较多,一行内不能写完或为了更好地体现注释层次时,可以使用多行注释,多行注释使用“/ * ”表示开始,使用“ * /”表示结束,两个符号之间的都属于注释文字。

```
/ *
功能:延时函数
入口:int i
 * /
```

6.while 循环

(1)循环控制语句,其标准格式为:

```
while(条件表达式)
{
  循环体;
}
```

(2)执行过程是判断条件表达式是否为真,为真执行循环体,循环体执行完后再次判断条件表达式,直到条件表达式为假,结束循环。

(3)while 循环流程图如图 2-1-6 所示。

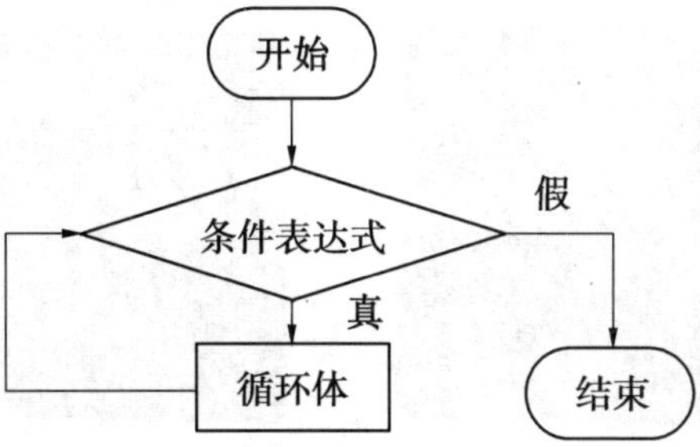

图 2-1-6　while 循环流程图

7.变量

在执行程序的过程中,其存储空间中的值可以改变的量称为变量。声明方式如下:

数据类型 变量名(=初始值);　　　　//声明一个变量

其中(=初始值)不是必需的,只有对一个变量在声明的同时又要求赋初值时才用。

例:char a=80;在内存中位于 0xf1 地址内,80 为变量的值,a 为变量名,如图 2-1-7 所示。

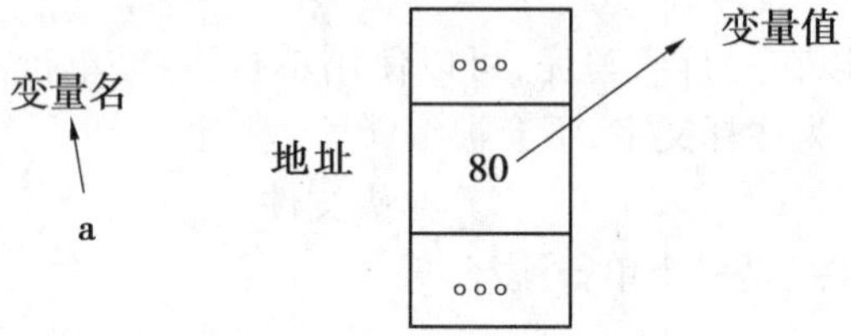

图 2-1-7　变量在内存中的存放

学习领航

中国是最早发明火药的国家,火药最初并非使用在军事上,而是用于宋代诸军马戏的杂技演出,以及木偶戏中的烟火杂技——药发傀儡。宋人同时也以火药表演幻术,如喷出烟火云雾以遁人、变物等,以达神奇迷离之效。中国火药首先运用于制造烟火,不久后就将其运用于军事,并发明了世界上第一根火箭。

任务二　一个 LED 灯闪烁

任务引入

本任务要让 LED 闪烁起来,即让 LED 亮一段时间后再灭一段时间。对上一任务的电路板进行编程即可实现 LED 的闪烁。LED 闪烁效果如图 2-2-1 所示。

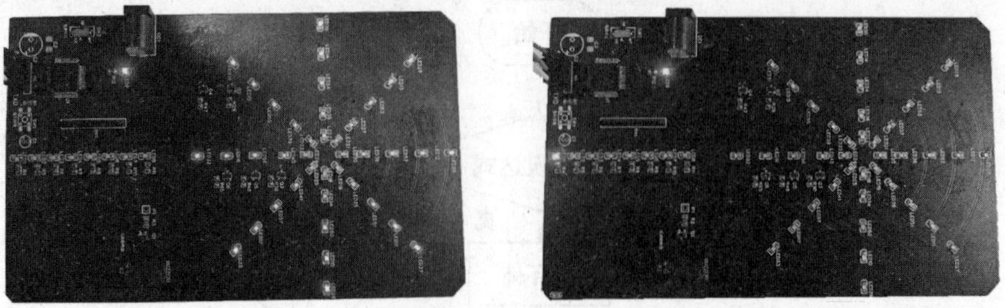

(a)LED 亮　　　　(b)LED 灭

图 2-2-1　LED 闪烁效果图

任务要求

(1)会设置端口高低电平。
(2)知道程序执行顺序。
(3)会写延时程序。

准备工作

器材准备:电子烟花电路板一块。

作业流程图

器材准备好后请按图2-2-2进行作业。

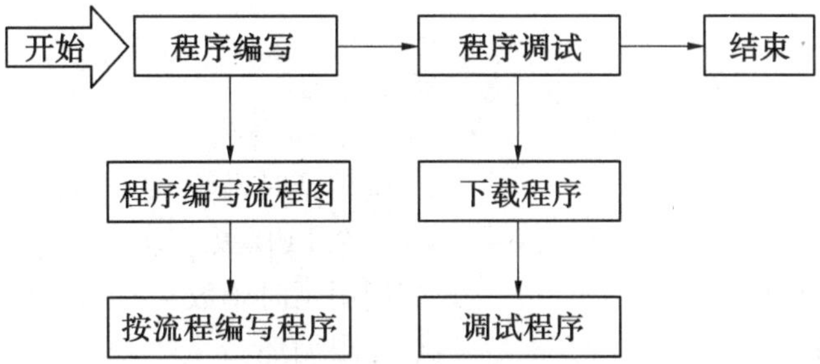

图2-2-2　任务作业流程图

作业过程

1.编写控制程序

(1)一个LED闪烁,按如下流程执行程序,如图2-2-3所示。

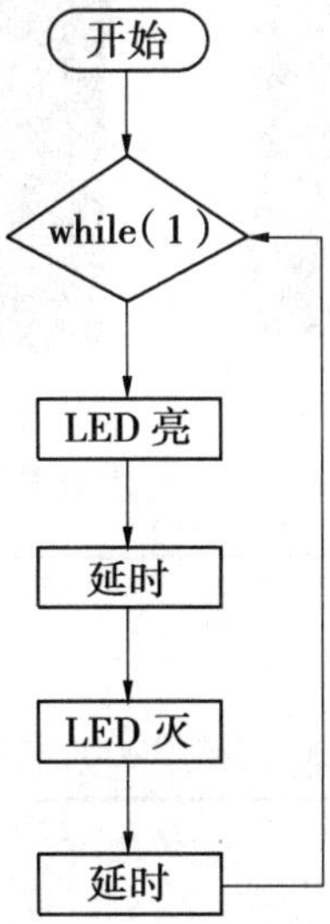

图2-2-3　程序流程图

(2)源程序。

```
#include <stc8.h>                    //头文件
void delay(int i)                    //延时函数
{
  while(i--);                        /* 单片机每执行一条语句指令需要用一定的
                                     时间,重复执行本条程序就可以达到延时的目
                                     的 */
}
void main()                          //主函数
{
  P2=0X00;                           //关闭其他的 LED
  do
  {
    P0=0xfe;                         //一个 LED 亮
    delay(60000);                    //调用延时函数
    P0=0xff;                         //一个 LED 灭
    delay(60000);                    //调用延时函数
  }while(1);                         //无限循环
}
```

2.程序调试

(1)下载程序:将程序下载到芯片中。

(2)调试程序:程序正常后效果如图 2-2-4 所示。

(a)LED 亮　　(b)LED 灭

图 2-2-4　程序效果图

想一想

在 delay(60000)程序中将 60000 改成 3000,再执行程序会有什么现象?

做一做

将程序 P0＝0xff;

delay(60000);

中的 60000 每次减 8000,重复 7 次,观看任务效果。

自评

项目内容	完成要求	分配分值/分	完成情况	自评分值
编写程序	程序结构正确	20		
	源程序正确	20		
调试程序	调试程序正确	20		
做一做完成效果	程序结构正确	20		
	源程序正确	20		

知识探究

1.延时子程序

下面的语句构成的是一个子程序。在复杂的程序中会有多个子程序往往便于在主程序中调用,从而简化程序的复杂性。本次任务中的 delay()就是调用了延时子程序。

```
void delay(int i)                    //延时函数
{
  while(i--);                        //单片机每执行一条语句指令需要用一定的
                                       时间,重复执行
                                     //本条程序就可以达到延时的目的
}
```

2.do-while 语句

(1)do-while 语句的一般形式为:

```
do
{
  语句块
}while(表达式);
```

(2)执行过程:

这个循环与 while 循环的不同在于:该循环先执行循环中的语句,然后再判断表达式是否为真。如果为真,则继续循环;如果为假,则终止循环。因此, do-while 循环至少要执行一次循环语句。

(3)do-while 语句的流程图如图 2-2-5 所示。

例:求 1 累加到 10 的和。

```
#include <stdio.h>
void main()
{
  int i=1,sum=0;
  do
  {
    sum=sum+i;
    i++;
  }while(i<=10);
  printf("%d",sum);
}
```

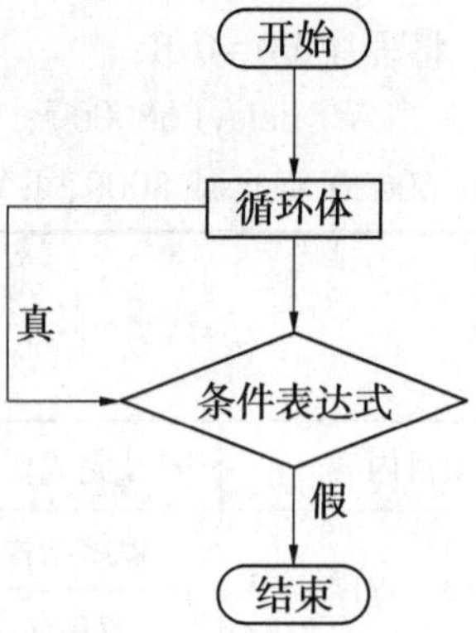

图 2-2-5 do-while 流程图

3.常量

在程序执行过程中,存储空间中的值不发生改变的量称为常量。常量可以是任何基本数据类型,其定义方式如下:

方法一:#define 常量名 值

方法二:const 数据类型 变量名 = 值;

例如:#define PI 3.1415 //宏定义一个常量名为 PI,值为 3.1415。

const int zhi=25; //定义一个整型常量名为 zhi,值为 25。

学习领航

发光二极管能正常发光是因为有限流电阻控制流过它的电流不超过额定值。学生能在教室里上课是因为有无数的人在背后默默地付出。

任务三 流水灯

任务引入

本任务是让 LED 灯从编号 LED1 到 LED8 依次亮,每次只亮一个,并按顺序移动, LED8 灭以后,又从 LED1 开始依次亮,效果如图 2-3-1 所示。

(a)LED1 亮　　(b)LED7 亮

图 2-3-1　流水灯效果图

任务要求

(1)会根据 LED 灯的发光情况分析所需要的二进制数据。

(2)能将二进制转换为十六进制。

准备工作

器材准备:电子烟花电路板一块。

作业流程图

器材准备好后请按图 2-3-2 进行作业。

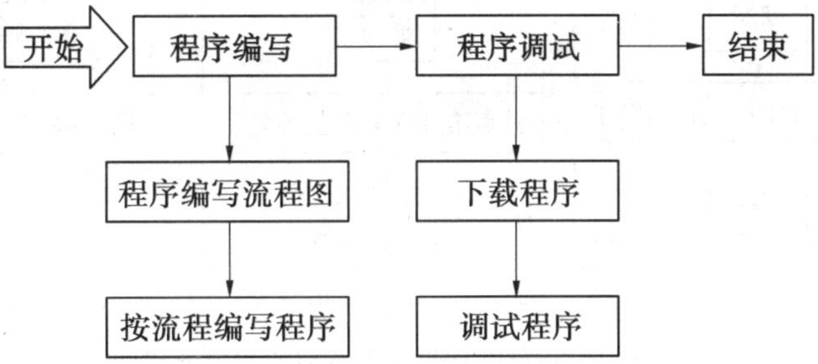

图 2-3-2　任务作业流程图

作业过程

1.识读电路图

8 个 LED 控制电路图,如图 2-3-3 所示,其中 RN1 为上接电阻。

2.点亮 8 个 LED 灯的程序流程图

按任务中的顺序控制 8 个 LED 灯亮的程序流程图,如图 2-3-4 所示。

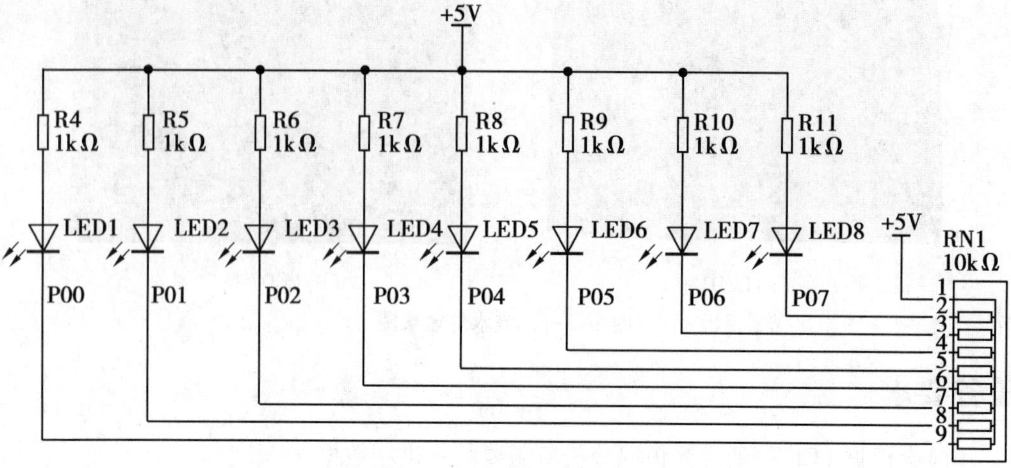

图 2-3-3 8 个 LED 控制电路图

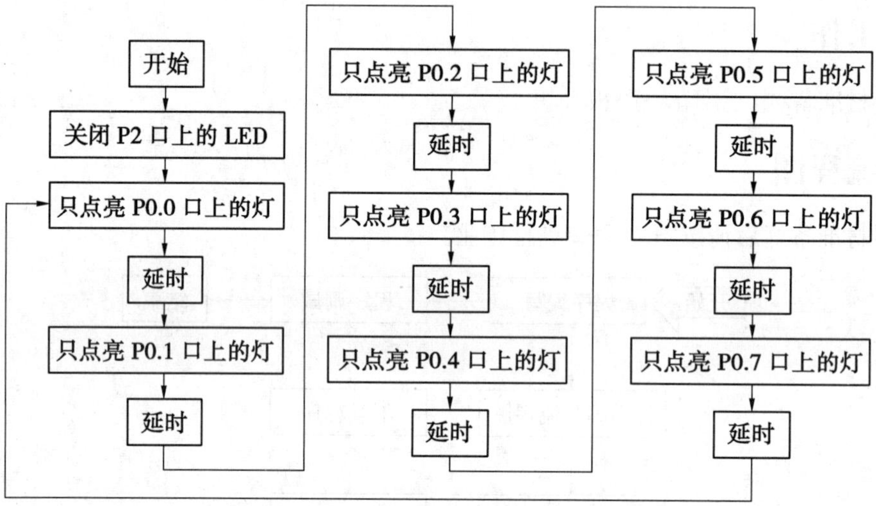

图 2-3-4 8 个 LED 灯依次点亮的程序流程图

3.源程序

```
#include <stc8.h>                    //头文件
void delay(int i)                    //延时函数
{
  while(i--);                        //单片机每执行一条语句指令需要用一定的
                                       时间,重复执行,本条程序就可以达到延时
                                       的目的
}
```

```
void main( )                             //主函数
{
   char i ;
   P2=0X00;                              //关闭其他的 LED
   while(1)                              //无限循环
   {
      for(i=0;i<8;i++)                   //for 循环
      {
         P0=~(0x01<<i);                  //根据 i 的值依次点亮二极管
         delay(60000);                   //延时
      }
   }
}
```

4.程序调试

(1)下载程序:将程序下载到芯片中。

(2)调试程序:程序正常后,效果如图 2-3-5 所示。

(a)LED1 亮　　(b)LED4 亮　　(c)LED7 亮

图 2-3-5　程序效果图

> **想一想**
>
> 程序的编写除了上面的方法,还有其他的方法吗?

> **做一做**
>
> 请将你改写的程序编译并下载到实验板上观看效果,对比两种方法,分析两个程序的优缺点。

自评

项目内容	完成要求	分配分值/分	完成情况	自评分值
编写程序	程序结构正确	20		
	源程序正确	20		
调试程序	调试程序正确	20		
做一做完成效果	程序结构正确	20		
	源程序正确	20		

知识探究

1.左移运算

符号:“<<”

表达式:A<<n;

运算规则:左移运算符“<<”是双目运算符。其运算规则是将“<<”左边的运算数先转换为二进位,如二进制数小于数据类型的长度,则需在二进制数前面补0达到数据类型规定的长度。在二进制数的右边加上n个0,左边丢弃n个数。

例如:

A<<4

指把a的二进制数向左移动4位。如a=00100011(十进制数35),左移4位后为00110000(十进制数48)。

2.右移运算

符号:“>>”

表达式:A>>n;

运算规则:右移运算符“>>”是双目运算符。其运算规则是将“>>”左边的运算数先转换为二进位,如二进制数小于数据类型的长度,则需在二进制数前面补0达到数据类型规定的长度。在二进制数的左边加上n个0,右边丢弃n个数。

例如:

A>>2;

指把a的各二进制位向右移动2位。如a=000001111(十进制数15),右移2位后为00000011(十进制3)。

应该说明的是,对于有符号数,在右移时,符号位将随同移动。当为正数时,最高位补0,而为负数时,符号位为1,最高位是补0还是补1取决于编译系统的规定。

3.位非运算

符号:“~”

表达式:~A

运算规则:先将 A 转为二进制,再对二进制数每一位分别取反。

例:~57,先将 57 化为二进制 0011 1001,再对每位分别取反为 1100 0110。

4.for 循环

表达式:

for(初始值;条件表达式;步进)

{

语句块

}

其执行流程如图 2-3-6 所示。

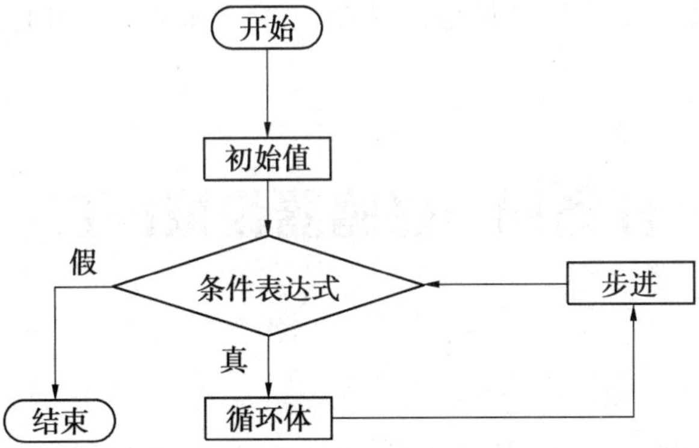

图 2-3-6　for 循环流程图

5.数据类型

在单片机中常用的数据类型可分为位、字符型、整型和浮点型,如表 2-3-1 所示。在类型前面还可以加 unsigned 无符号、signed 有符号,有符号是使用存储空间的高位来表示数的正(用 0 表示)、负(用 1 表示),如图 2-3-6 所示。

表 2-3-1　单片机常用的数据类型

关键字	类型	占用存储空间大小
bit	位	1 个二进制位
char	字符型	8 个二进制位
int	整型	16 个二进制位
float	单精度浮点型	32 个二进制位
double	双精度浮点型	32 个二进制位

符号位	数值位	数值位	数值位	数值位	数值位	数值位	数值位

高位　　　　　　　　　　　　　　　　　　　　　　　　　　　　低位

(a)有符号字符类型数据在存储空间中存储示意图

数值位	数值位	数值位	数值位	数值位	数值位	数值位	数值位

高位　　　　　　　　　　　　　　　　　　　　　　　　　　　　低位

(b)无符号字符类型数据在存储空间中存储示意图

图 2-3-7　有符号与无符号数据类型在存储空间中存储示意图

学习领航

铁打的营盘流水的兵！今日之中国军队,已不可能长守在驻地,营盘的流动、人员的流动、部队的流动正成为常态。军人不仅要服从命令、听从指挥,还要迅疾行动、快速抵达。本任务中的数据就如人民军队般服从命令、听从指挥,数据的移动就类似军队的移动。

任务四　蜂鸣器模拟声音

任务引入

本任务介绍单片机输出的不同频率的方波,方波送到蜂鸣器即可发出不同的声音。本任务输出的波形可以通过示波器进行观察。示波器显示的波形如图 2-4-1 所示。通过改变波形的频率可以发出各种声音。

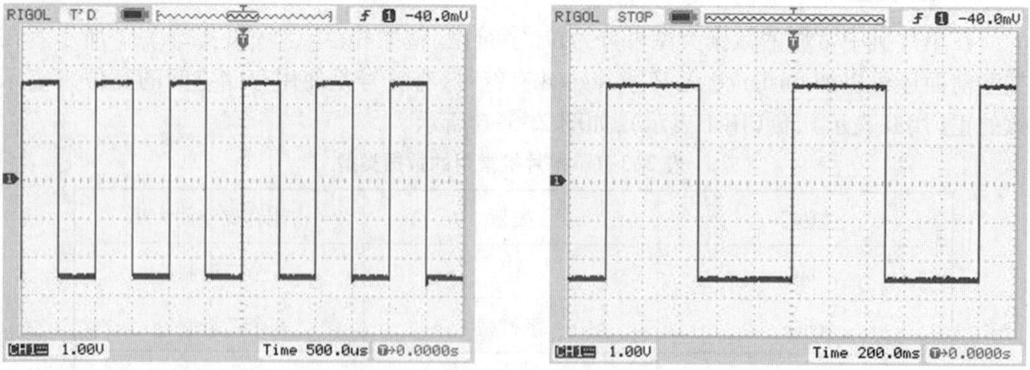

(a)输出 1 kHz 方波　　　　　　　　　　(b)输出 1 Hz 方波

图 2-4-1　单片机输出不同频率的方波

任务要求

(1)能驱动蜂鸣器发出声音。

(2)能发出不同频率的声音。

准备工作

器材准备:电子烟花电路板一块。

作业流程图

器材准备好后请按图 2-4-2 进行作业。

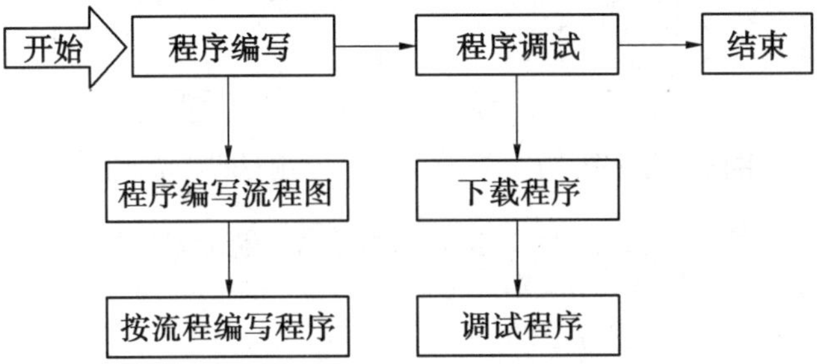

图 2-4-2　任务作业流程图

作业过程

1.识读电路图

蜂鸣器在工作时需要比较大的电流才能进行驱动,因此蜂鸣器的驱动电路如图 2-4-3所示。

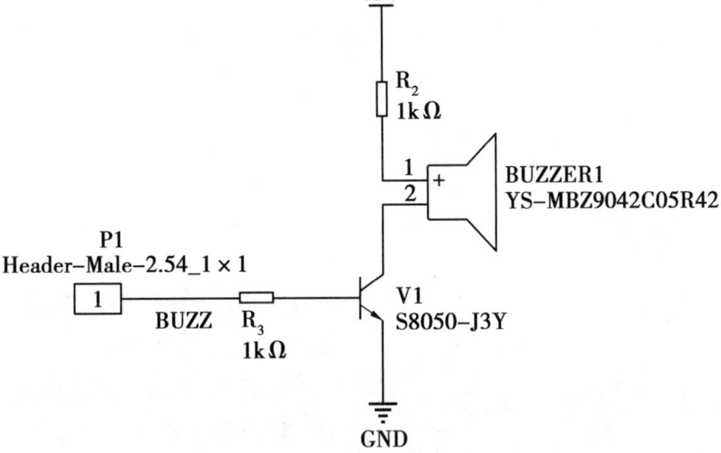

图 2-4-3　蜂鸣器的驱动电路

2.驱动蜂鸣器的程序流程图

要产生 1 Hz 的方波,单片机的程序流程如图 2-4-4 所示。

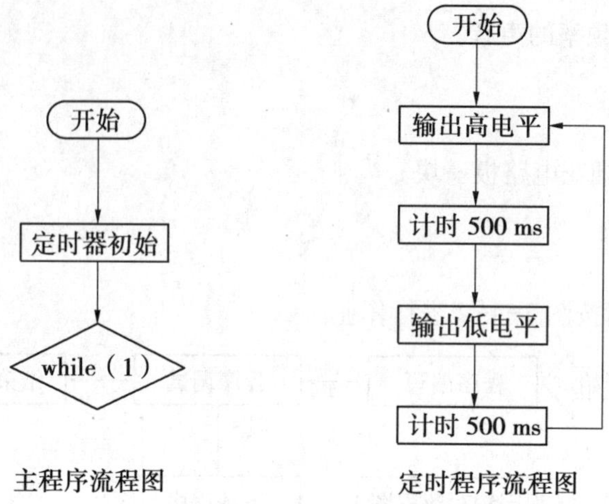

图 2-4-4　产生 1 Hz 方波的程序流程图

3.源程序

```
#include <stdio.h>                    //头文件
sbit fmq = P3^7;                      //蜂鸣器位定义
void Timer0Init(void)                 //5 毫秒@ 12.000 MHz
{
   AUXR |= 0x80;                      //定时器时钟 1T 模式
   TMOD &= 0xF0;                      //设置定时器模式
   TL0 = 0xA0;                        //设置定时初值
   TH0 = 0x15;                        //设置定时初值
   TF0 = 0;                           //清除 TF0 标志
   TR0 = 1;                           //定时器 0 开始计时
}
char ci=0;
void tim0()interrupt 1                //定时器 0
{
   if(ci<100)                         //定时器每进一次中断时间过了 5 ms,进 100
                                        次是时间过了 500 ms
      ci++;                           //定时器还没到 100,次数加 1
   else                               //定时器计数 100 次
```

```
    {
      ci=0;                              //计数变量归0
      fmq=! fmq;                         //单片机控制蜂鸣器引脚状态翻转
    }
}
void main()                              //主函数
{
    EA=1;                                //开总中断
    ET0=1;                               //开定时器0的中断
    Timer0Init();                        //初始化定时器0
    while(1);                            //无限循环
}
```

4.**程序调试**

(1)下载程序:将程序下载到芯片中。

(2)调试程序:程序正常后效果如图2-4-5所示。

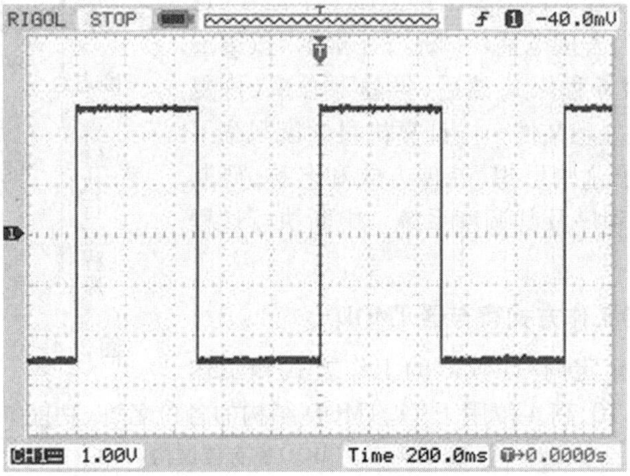

图2-4-5　示波器观察的波形图

想一想

程序的编写除了上面的方法,还有其他的方法吗?

做一做

请修改程序,让单片机发出1 kHz、2 kHz、5 kHz频率的波形,听一听蜂鸣器发出的声音有什么不同。

自评

项目内容	完成要求	分配分值/分	完成情况	自评分值
编写程序	程序结构正确	20		
	源程序正确	20		
调试程序	调试程序正确	20		
做一做完成效果	程序结构正确	20		
	源程序正确	20		

知识探究

1.什么是中断

先打个比方。当一个经理正处理文件时,电话铃响了(中断请求),经理不得不在文件上做一个记号(返回地址),暂停工作,去接电话(中断),并指示"按第二方案办"(调中断服务程序),然后,再静下心来(恢复中断前状态),接着处理文件……计算机科学家观察了类似实例,并借用了这些思想、处理方式和名称,研制了一系列中断服务程序及其调度系统。中断执行过程如图 2-4-6 所示。

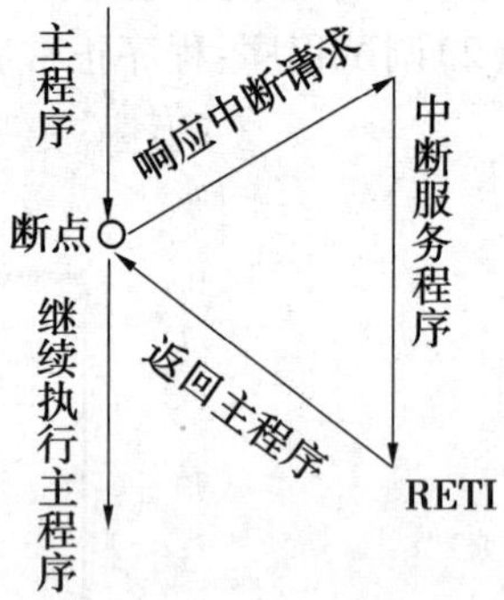

图 2-4-6 中断执行过程图

2.定时/计数器工作方式寄存器 TMOD

TMOD 用于设定定时/计数器的工作方式和工作模式。低 4 位用于 T0,高 4 位用于 T1,TMOD 结构的各位名称、功能如表 2-4-1 所示。

表 2-4-1 TMOD 寄存器结构

TMOD 寄存器							
D7	D6	D5	D4	D3	D2	D1	D0
GATE	C/T	M1	M0	GATE	C/T	M1	M0
T1 控制方式字段				T0 控制方式字段			

M1M0 工作方式选择位,两位二进制位可表示 4 种状态,具体功能如表 2-4-2 所示。

表 2-4-2 工作方式选择

T1	T0	M1	M0	工作方式	功能
TMOD = 0x00	TMOD = 0x00	0	0	方式 0	13 位计数器

续表

T1	T0	M1	M0	工作方式	功能
TMOD=0x10	TMOD=0x01	0	1	方式 1	16 位计数器
TMOD=0x20	TMOD=0x20	1	0	方式 2	两个 8 位计数器,初值自动装入
无	TMOD=0x03	1	1	方式 3	两个 8 位计数器,仅适用于 T0

3.定时/计数器

51 系列单片机内部设置了多个 16 位可编程的定时/计数器,具有计数器和定时两种功能。由于 51 系列定时/计数器是随机器周期或外部计数递增,并在定时/计数器溢出时产生中断的,因此给定时器赋适当的初值,可以控制定时器的时间。设需要的初值为 X,定时器位数为 n,计算定时常数的公式如下:

$$X = (2^n - \text{计数初值}) * \text{晶振周期}$$

STC 公司的 51 系列单片机可以采用 1T,即执行一条指令只需要一个机器周期。STC 的官方下载器还自带一个定时器初始化功能。如图 2-4-7 所示,选择系统频率,输入定时长度,选择定时器,选择定时模式,选择定时器时钟,程序就可以自动生成定时器初始化程序。

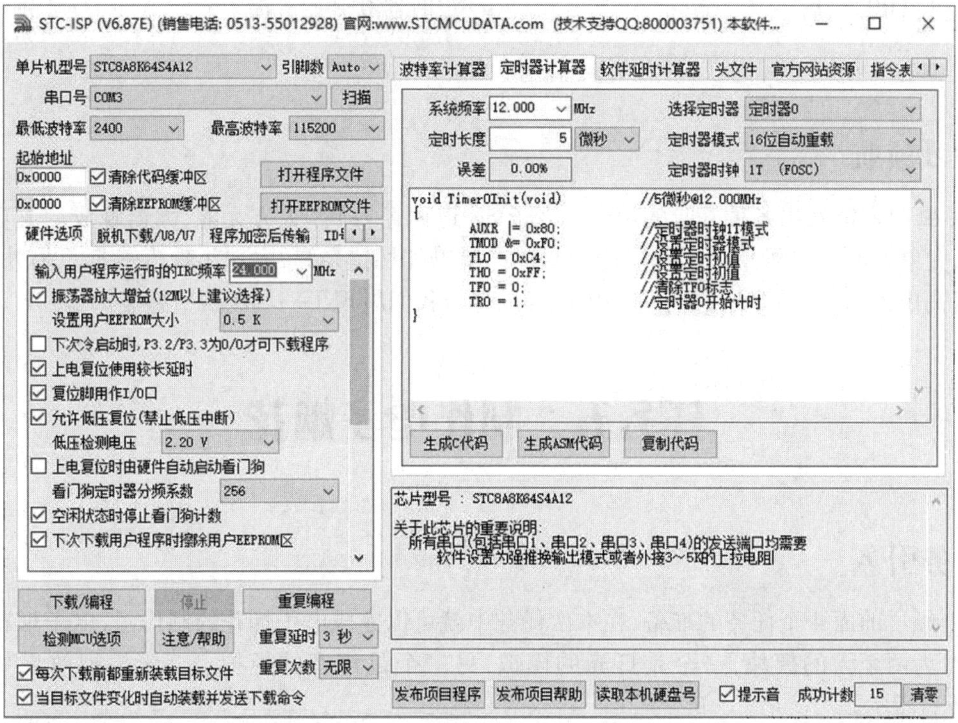

图 2-4-7　STC 下载器定时器初始化设置图

4.使用定时器 T0

使用 51 单片机定时器采用模式 1,定时 5 ms,如是晶振为 12 MHz,使用方式 0,可以通过以下方法计算出定时器初值 X:

$X=2^{16}-(5\times10^{-3})/(1\times10^{-6})=60536$

将 60536 转化为十六进制,则 X=0XEC78,因此定时器的初始值应设为 TH0=0xEC,TL0=0x78。

程序初始化为

```
Void Tim0()
{
    EA=1;                          //开总中断
    ET0=1;                         //开定时器 0 的中断
    AUXR &= 0x7F;                  //定时器时钟 12T 模式
    TMOD &= 0xF0;                  //设置定时器模式
    TMOD |= 0x01;                  //设置定时器模式
    TL0 = 0x78;                    //设置定时初值
    TH0 = 0xEC;                    //设置定时初值
    TF0 = 0;                       //清除 TF0 标志
    TR0 = 1;                       //定时器 0 开始计时
    …
}
```

学习领航

蜂鸣器能发出各种好听的声音。老子的《道德经》曰:“大方无隅,大器晚成。大音希声,大象无形。”白居易在《琵琶行》中写道:“嘈嘈切切错杂弹,大珠小珠落玉盘。”另外,还有《高山流水》《二泉映月》等许多传统音乐都给我们展现了一场场视听盛宴。

任务五　制作电子烟花

任务引入

经过前面 4 个任务的准备,在本次任务中就可以完成电子烟花的制作了,电子烟花主要分为两个大的模块,一个是灯光的模拟,另一个是声音的模拟。灯光模拟效果如图 2-5-1所示。

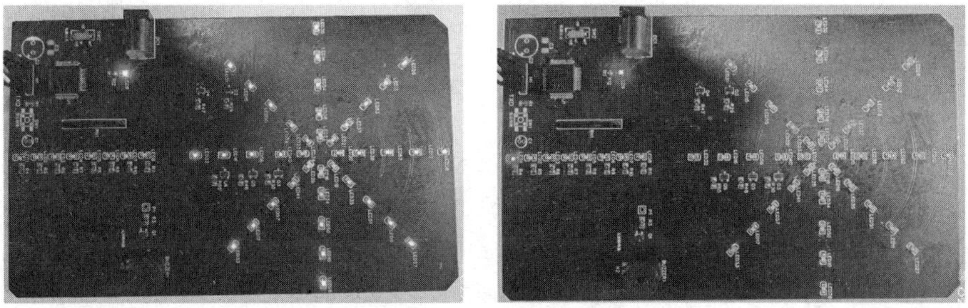

图 2-5-1　电子烟花效果图

任务要求

(1)会使用数组。

(2)能编写电子烟花程序。

准备工作

器材准备:电子烟花电路板一块。

作业流程图

器材准备好后请按图 2-5-2 进行作业。

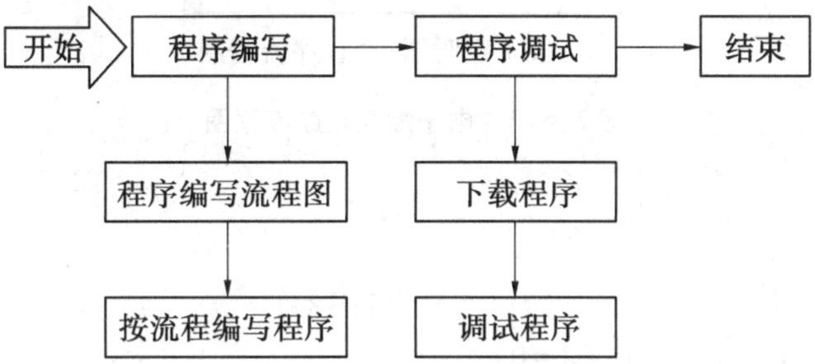

图 2-5-2　任务作业流程图

电子烟花电路图

作业过程

1.识读电路图

在电子烟花电路图上,P0 每位分别控制一个发光二极管,P2 口每位分别通过三极管控制 8 个发光二极管,蜂鸣器接在 P3 口第 7 位上。

2.电子烟花程序流程图

电子烟花模拟实际的烟花效果,发光二极管从 LED1 依次亮到 LED8,同时每个发光二极管受 PWM 控制又从最亮逐渐变暗,接着烟花从中心向外圈依次从最亮逐渐变暗。在灯光变化的同时,声音也随着灯光变化。电子烟花的程序流程图,如图 2-5-3 所示。

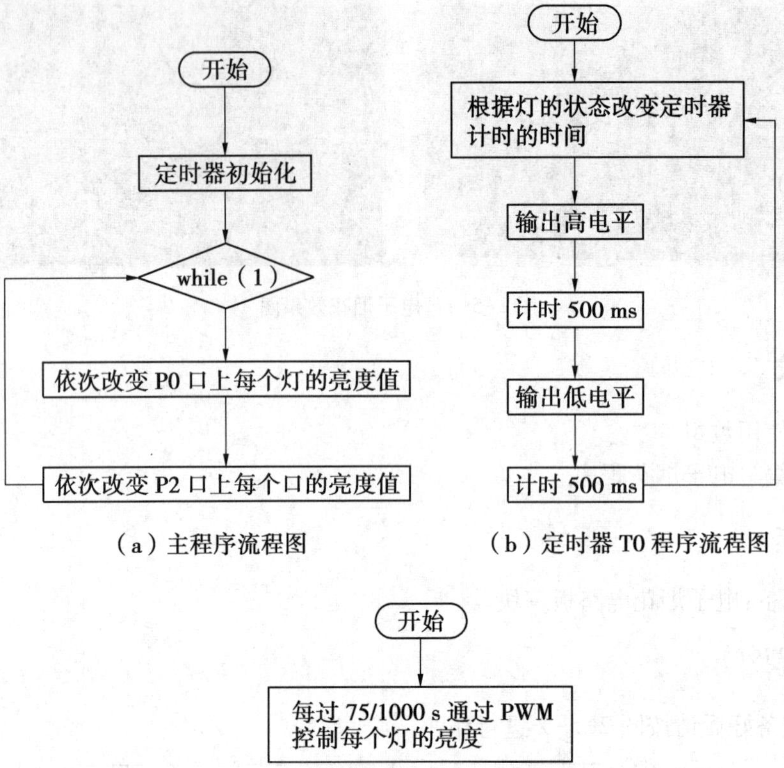

（a）主程序流程图　（b）定时器 T0 程序流程图

（c）定时器 T0 程序流程图

图 2-5-3　电子烟花程序流程图

3.源程序

```
#include <stc8.h>
sbit buzzer=P3^7;                              //蜂鸣器
unsigned int time_2=0,i=0,fs1=0;
unsigned char LED_1[7]={0xff},LED_2[5]={0};   //LED 灯 PWM 数组
unsigned char time1[8]={0x90,0xAE,0x98,0x90,0xA4,0x0C,0x8A,0x58},time2
[8]={0xE8,0xE9,0xE9,0xEE,0xED,0xF1,0xF0,0x9E};   //蜂鸣器脉冲数组

void Timer0Init(void)                          //微秒@24.000 MHz
{
    AUXR |= 0x80;                              //定时器时钟 1T 模式
    TMOD &= 0xF0;                              //设置定时器模式
    TL0 = time1[fs1];                          //设置定时初值
    TH0 = time2[fs1];                          //设置定时初值
//  TL0 = 0x58;
//  TH0 = 0x9E;
```

```
    TF0 = 0;                              //清除 TF0 标志
    ET0 = 1;
    TR0 = 1;                              //定时器 0 开始计时
}

void Timer1Init(void)                     //2 ms@24.000 MHz
{
    AUXR |= 0x40;                         //定时器时钟 1T 模式
    TMOD &= 0x0F;                         //设置定时器模式
    TL1 = 0x80;                           //设置定时初值
    TH1 = 0x44;                           //设置定时初值
    TF1 = 0;                              //清除 TF1 标志
    ET1=1;
    TR1 = 1;                              //定时器 1 开始计时
}

void timerInit1()interrupt 1              //蜂鸣器脉冲
{
    TL0 = time1[fs1];                     //设置蜂鸣器高八位脉冲
    TH0 = time2[fs1];                     //设置蜂鸣器低八位脉冲
    buzzer=~buzzer;                       //蜂鸣器取反
}

void Timer1_int(void)interrupt 3          //花样灯
{
      P2=0X00;
      P37=0x00;
      if(time_2<1)                        //每 75/1000 s 执行一次
      {
         if(i<15)                         //前面 15 次执行 P0 口 LED 灯
         {
            fs1=i/2;                      //蜂鸣器脉冲设置
            TR0 = 1;                      //打开蜂鸣器脉冲定时器
            if(i==0)                      //开始执行前赋值让全部灯灭
            {
LED_1[0]=LED_1[1]=LED_1[2]=LED_1[3]=LED_1[4]=LED_1[5]=LED_
1[6]=0xff;                                //P0 口数组
```

```
LED_2[0]=LED_2[1]=LED_2[2]=LED_2[3]=LED_2[4]=0x00;  //P2 口数组
        }
        if(i>5)
        LED_1[6]=LED_1[5];    //给第七个灯数组赋值
      if(i>4)
        LED_1[5]=LED_1[4];    //给第六个灯数组赋值
      if(i>3)
        LED_1[4]=LED_1[3];    //给第五个灯数组赋值
      if(i>2)
        LED_1[3]=LED_1[2];    //给第四个灯数组赋值
      if(i>1)
        LED_1[2]=LED_1[1];    //给第三个灯数组赋值
      if(i>0)
        LED_1[1]=LED_1[0];    //给第二个灯数组赋值
      if(i<8)
      LED_1[0]=~(0x01<<i);    //给第一个灯数组赋值
      else
      LED_1[0]=0xff;          //当第 7 个灯开始亮时,从第一个灯依次开
                                始灭
    }
    else                      //后面 9 次执行 P2 口 LED 灯
    {
      TR0 = 0;                //关闭蜂鸣器脉冲定时器
      buzzer=0;               //关闭蜂鸣器
      if(i==15)               //开始执行前赋值让全部灯灭
      {
  LED_1[0]=LED_1[1]=LED_1[2]=LED_1[3]=LED_1[4]=LED_1[5]=LED_
1[6]=0xff;                    //P0 口数组
  LED_2[0]=LED_2[1]=LED_2[2]=LED_2[3]=LED_2[4]=0x00;  //P2 口数组
      }
      if(i>18)
        LED_2[4]=LED_2[3];    //给第五圈灯数组赋值
      if(i>17)
        LED_2[3]=LED_2[2];    //给第四圈灯数组赋值
      if(i>16)
        LED_2[2]=LED_2[1];    //给第三圈灯数组赋值
      if(i>15)
```

```
        LED_2[1]=LED_2[0];          //给第二圈灯数组赋值
      if(i<20)
      LED_2[0]=0x01<<(i-15);        //给第一圈灯数组赋值
      else
      LED_2[0]=0x00;                //当第 5 圈灯开始亮时,从第一圈灯依次开
                                      始灭
    }
  i++;                              //控制灯亮顺序
}
if(i>23)                            //溢出清零
  i=0;
time_2++;                           //时间计次
if(time_2>=75)                      //每 75 次清零
  time_2=0;
}

void main()
{
  unsigned int time_1;
  Timer0Init();                     //初始化开启定时器
  Timer1Init();                     //初始化开启定时器
  EA=1;                             //初始化开启定时器总开关
  while(1)                          //灯 PWM 的设置
  {
    time_1++;
    if(time_1>330)                  //PWM 设置清零
      time_1=0;
    P0=LED_1[0];                    //第一个灯全亮
    P2=LED_2[0];                    //第一圈灯全亮
    if(50<time_1)                   //第二个灯比第一个灯暗
    {
      P0=LED_1[1];                  //第二个灯
    }
    if(100<time_1)                  //第三个灯比第二个灯暗,第二圈灯比第一圈
                                      灯暗
    {
      P0=LED_1[2];                  //第三个灯
```

```
        P2=LED_2[1];                //第二圈灯
    }
    if(150<time_1)                  //第四个灯比第三个灯暗
    {
        P0=LED_1[3];                //第四个灯
    }
    if(200<time_1)                  //第五个灯比第四个灯暗,第三圈灯比第二圈
                                      灯暗
    {
        P0=LED_1[4];                //第五个灯
        P2=LED_2[2];                //第三圈灯
    }
    if(250<time_1)                  //第六个灯比第五个灯暗,第四圈灯比第三圈
                                      灯暗
    {
        P0=LED_1[5];                //第六个灯
        P2=LED_2[3];                //第四圈灯
    }
    if(300<time_1)                  //第七个灯比第六个灯暗,第五圈灯比第四圈
                                      灯暗
    {
        P0=LED_1[6];                //第七个灯
        P2=LED_2[4];                //第五圈灯
    }
  }
}
```

4.程序调试

(1)下载程序:将程序下载到芯片中。

(2)调试程序:程序正常后,发光二极管从 LED1 依次亮到 LED8,同时每个发光二极管受 PWM 控制又从最亮逐渐变暗,接着烟花从中心向外圈依次从最亮逐渐变暗。在灯光变化的同时,声音也跟着变化。同时当后面的发光二极管亮时,前面的发光二极管亮度效果如图 2-5-4 所示。

想一想

电子烟花的效果还可以进行怎样的修改?

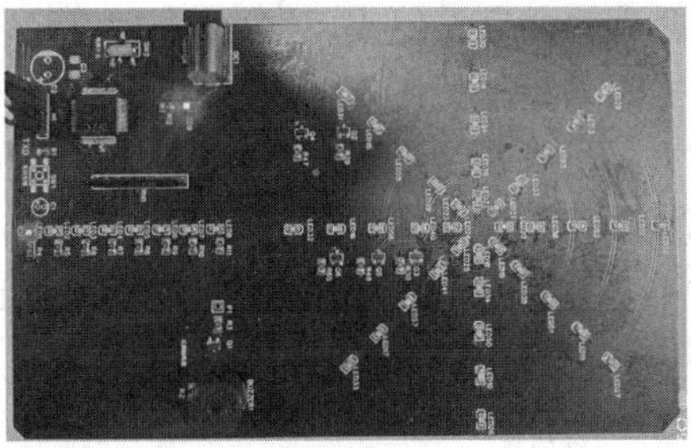

图 2-5-4　烟花从中心到外圈依次亮程序效果图

做一做

请你编写灯光控制逐渐变暗控制程序、编译程序并下载到实验板上观看效果。

自评

项目内容	完成要求	分配分值/分	完成情况	自评分值
编写程序	程序结构正确	20		
	源程序正确	20		
调试程序	调试程序正确	20		
做一做完成效果	程序结构正确	20		
	源程序正确	20		

知识探究

1.一维数组

(1)数组的声明的一般形式:

类型说明符 数组名[数组的长度],……;

其中,类型说明符是任意一种基本数据类型或构造数据类型,数组名是用户定义的数组标识符,方括号中的常量表达式表示数据元素的个数。

例如:

int tab[10];说明整型数组名为 tab,有 10 个元素。

char han[20];说明字符数组名为 han,有 20 个元素。

(2)一维数组的几点说明:

①数组的类型实际上是指数组元素的取值类型。因此,对于同一数组,其所有元素的数据类型都是相同的。

②数组名的书写规则应符合标识符的书写规定。C 语言规定标识符只能由字母、数

字和下划线 3 种字符组成，且第 1 个字符必须为字母或下划线。

③数组名不能使用关键字，也不能与其他变量名相同。

④方括号中常量表达式表示数组元素的个数，如 a[5]表示数组 a 有 5 个元素，但是其下标从 0 开始计算，因此 5 个元素分别为 a[0]、a[1]、a[2]、a[3]、a[4]。

⑤不能在方括号中用变量表达式表示元素的个数，但是可以是符号常数或常量表达式。例如：

```
int[3+4];
```

是合法的。但是下述说明方式是错误的：

```
char num=7;
char a[num];
```

⑥允许在同一类型说明中，说明多个数组和多个变量。

例如：int a,b,c,d,k1[10],k2[20];

数组中的数据在实际中是按顺序存放在内存中的，如 int a[3]={0x00,0x01,0x02}；在内存中的存放如下：

0x02	RAM 高位
0x01	
0x00	RAM 低位

⑦数组的使用方法为：数组名[下标号]，这样就可以将数组中的值读取出来了。

例如：b=a[0]；就是将数组 a[ ]中第一个数取出送给变量，即 b 的值为 0x01。

⑧可以只给数组中的一部分元素赋值。例如：int a[10]={0,1,2,3,4}；

定义 a 数组有 10 个元素，但花括号内只提供 5 个初值，这表示只给前面 5 个元素赋初值，系统自动给后 5 个元素赋初值为 0。

⑨在对全部数组元素赋初值时，由于数据的个数已经确定，因此可以不指定数组长度。例如：

```
int a[5]={1,2,3,4,5};
```

也可以写成

```
int a[]={1,2,3,4,5};
```

2.PWM 控制灯亮度

通过改变发光二极管的低电平和高电平的占空比，即可改变发光二极管的亮度。简单的 PWM 控制为：先设置发光二极管控制的周期，再通过定时器来改变个周期内的发光二极管发光时所需电平的占空。

例如：定时器设置为 1 ms，灯光一个周期为 100 ms，设灯光低电平时亮，灯光慢慢变亮，其程序为：

```
#include<stc8.h>
sbit LED=P0^0;
```

```
unsigned char tt=100,ci=0,i=0;            //tt 为周期,ci 为当前周期发光二极管亮的时
                                            间,i 计定时器进来次数
void Timer0Init(void)                     //1 ms@ 12.000 MHz
{
  AUXR &= 0x7F;                           //定时器时钟 12T 模式
  TMOD &= 0xF0;                           //设置定时器模式
  TMOD |= 0x01;                           //设置定时器模式
  TL0 = 0x18;                             //设置定时初值
  TH0 = 0xFC;                             //设置定时初值
  TF0 = 0;                                //清除 TF0 标志
  TR0 = 1;                                //定时器 0 开始计时
}

void tim0()interrupt 1
{
  if(i<100)
    i++;
  else
  {
    i=0;
    ci++;
    if(ci>=tt)
      ci=0;
  }
  if(i<ci)
    LED=0;                                //灯亮
  else
    LED1;                                 //灯灭
}
void main()
{
  EA=1;
  ET0=1;
  Timer0Init();
  while(1);
}
```

学习领航

烟花又称花炮、烟火、焰火、炮仗，常用于盛大的典礼或表演中。为了达到好的表演效果，焰火和礼花弹中填充了大量用于发射以及爆炸的火药，例如，一个直径为 20 cm 的礼花弹在发射后，要上升到大概 200 m 的高空才会爆炸，而这些星星点点覆盖的半径可以达 80 m 左右。

学习检测

一、填空题

1.让 LED 发光，需要给 LED 控制端口输出____电平。

2.单片机定时器的工作模式有______、______、______、________四种。

3.在 C51 中循环有________、________、________三种。

4.在 KEil C51 中的注释________、__________两种。

5.下载软件在选择单片机型号时应选择________________。

二、作图题

1.请画出使用 P1 做 8 个流水灯的电路图。

2.请画出使用 P2.1 口控制蜂鸣器的电路图。

三、操作题

1.点亮 P0 口的 LED1、LED2、LED3、LED4 四个 LED。

2.先让 P0 口灯全亮，再从 LED1—LED4 依次熄灭。

3.让 P0 口灯顺流水，再闪烁两次，再逆流水，无限循环。

4.在 P0.0 端口上接一个发光二极管 LED，使 LED 不停地一亮一灭、一亮一灭的时间间隔为 0.2 s。

5.控制蜂鸣器发出门铃的声音。

6.改变发光二极管亮灭时间，制作自己的电子烟花。

项目三

数字时钟

在日常生活中到处可以看到各式各样的数字显示，如道路交通指示灯的倒计时、数字时钟等，其实它们都可以用单片机来实现。日常生活中常见的数字显示效果如图3-0-1所示。

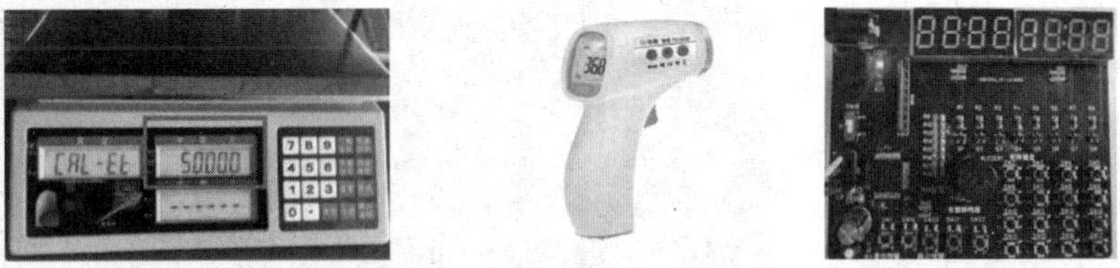

（a）电子秤的显示　　（b）体温枪显示　　（c）实验板显示

图3-0-1　数码管显示效果

图3-0-1中的数字显示都是用数码管来实现的，那么什么是数码管呢？下面我们就对单片机控制数码管显示的知识进行学习。

【知识目标】

（1）理解并掌握数码管显示原理。

（2）掌握动态显示原理。

（3）能够运用数组实现数码管控制。

【能力目标】

（1）会根据数码显示的字符不同计算所需要的二进制数值。

（2）能够正确使用数组。

（3）能让数码管显示一位数。

（4）能让数码管显示多位数。

【情感态度】

（1）培养学生的求真精神以及踏实的学习态度，使其通过对电路的分析、理解及编写程序，实现任务目标。

（2）感受理论与实际的结合。

任务一　控制一位数码管显示

任务引入

数码管显示在现实中用得非常多,有的能显示两位数字,有的能显示 8 位数字,而本任务就是控制一个数码管的显示。一位数码管点亮的效果如图 3-1-1 所示。需要注意的是,这个显示是通过编写单片机程序来实现的,不是给数码管加电压使其发光的。

图 3-1-1　点亮一位数码管效果图

任务要求

(1)正确识读数码管显示电路原理图。

(2)会正确编写程序。

(3)程序下载完成后,按下 SW19 键,显示数字 1。

准备工作

(1)器材准备:数字时钟电路板一块。

(2)工具准备:白色 A4 纸一张、Keil 软件,笔一支。

作业流程图

准备工作完成后,按图 3-1-2 所示进行作业。

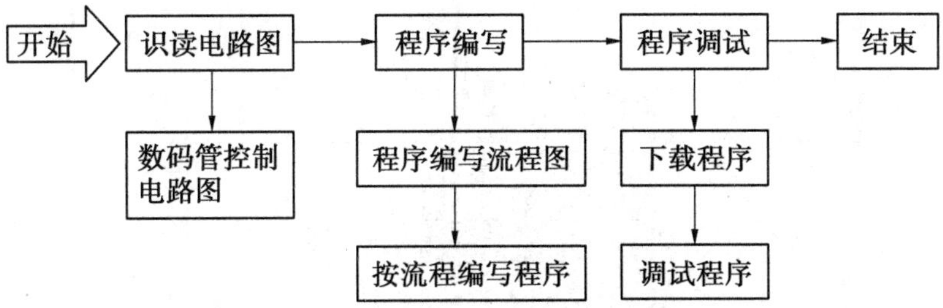

图 3-1-2　数码管控制作业流程图

作业过程

1.识读电路图

一个数码管电路原理图如图 3-1-3 所示，其中 P0 口接的是数码管的段码，P2 口的电流经三极管放大后接数码管的位选。

2.编写控制程序

(1)让七段数码管显示 1，按如下流程执行程序，如图 3-1-4 所示。

(2)源程序：

```
#include <stc8.h>
/*
P2 位选   高电平有效 HIGH P20 对应数码管最高位
P0 段选   低电平有效 LOW   P06 对应 g P05 对应 f P04 对应 e P03 对应 d P02 对应
c P01 对应 b P00 对应 a
 */
//按下 sw19 显示数字 1
sbit sw19=P6^4;
#define uint unsigned int
void delay(uint i);
void main()                          //主函数
{
  P6=0xff;
  while(1)
  {
    if(sw19==0)                      //判断按键是否按下
    {
      delay(10000);                  //消抖
      if(sw19==0)
      {
        while(! sw19)
```

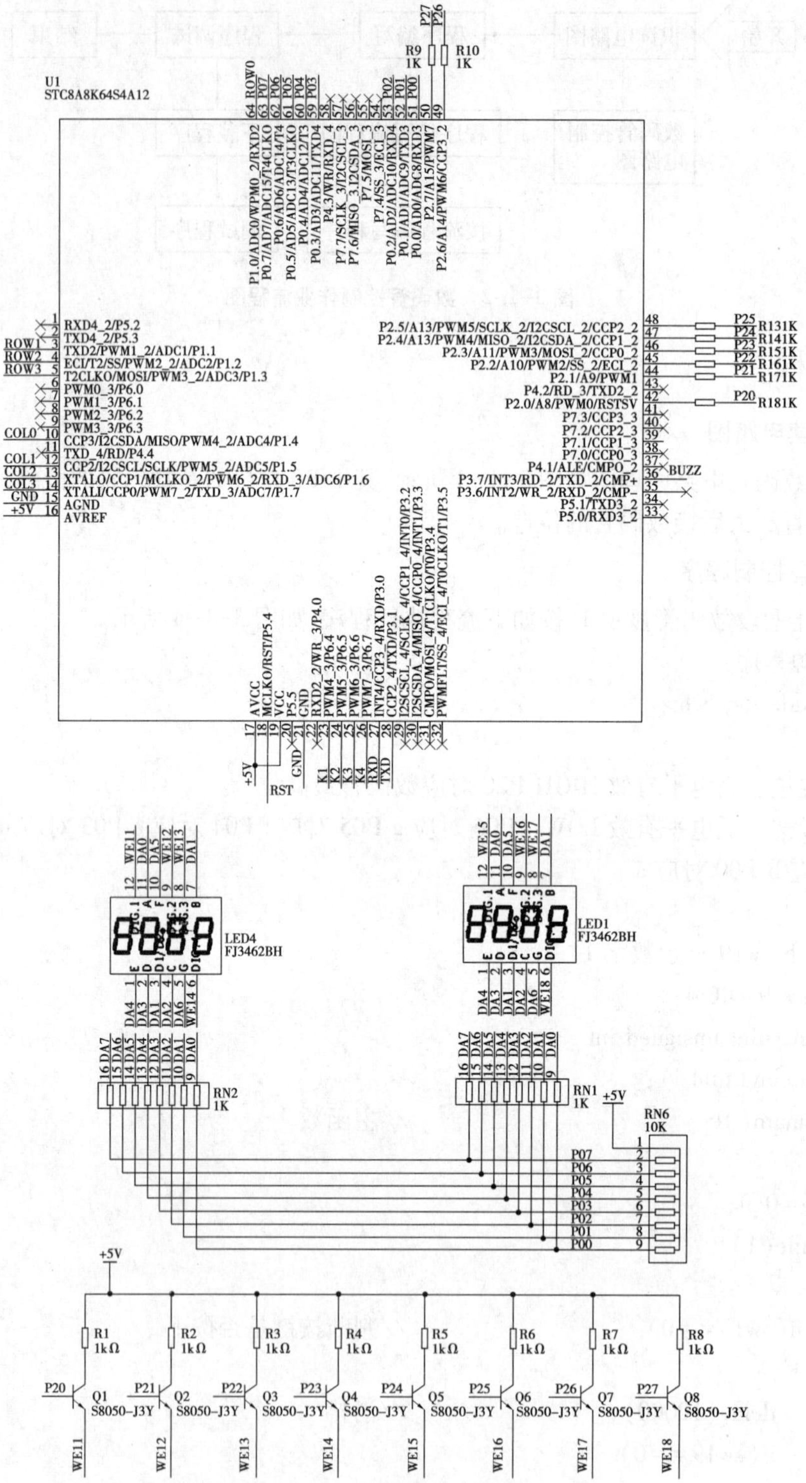

图 3-1-3 七段数码管原理图

```
        {
          P2=0x80;
          P0=0xf9;
        }
      }
    P2=0x00;
    P0=0xff;
    }
  }
}
void delay(uint i)                          //延时函数
{
  while(--i);
}
```

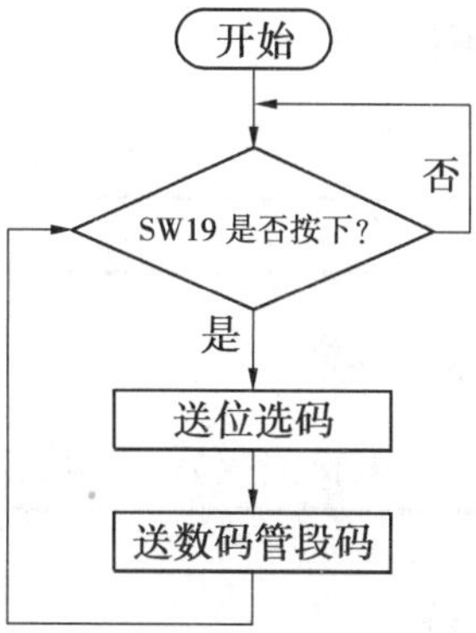

图 3-1-4　程序流程图

3.程序调试

(1)下载程序:将程序下载到芯片中。

(2)调试程序:程序正常后效果如图 3-1-5 所示。

图 3-1-5　程序效果图

在本任务中我们掌握了一个七段数码管电路原理,学会了设置端口低电平来选择数码管,用端口的高低电平来点亮数码管中的指定的段,以实现数字的显示,知道七段数码管的结构和显示原理。

想一想

能不能让七段数码管循环显示数字 0~9 呢?

做一做

编辑完成后,自动控制数码管的显示,看看有什么效果。

自评

项目内容	完成要求	分配分值/分	完成情况	自评分值
编写程序	程序结构正确	20		
	源程序正确	20		
调试程序	调试程序正确	20		
控制七段数码管的程序	程序结构正确	20		
	源程序正确	20		

知识探究

1.七段数码管的结构和控制显示原理

七段 LED 数码管属于分段式半导体显示器件。每一段对应一个发光二极管(小数点没有包括在内)。这种数码管显示器有共阳极和共阴极两种,如图 3-1-6 所示。当外加正向电压时,发光二极管可以将电能转换成光能,从而发光。

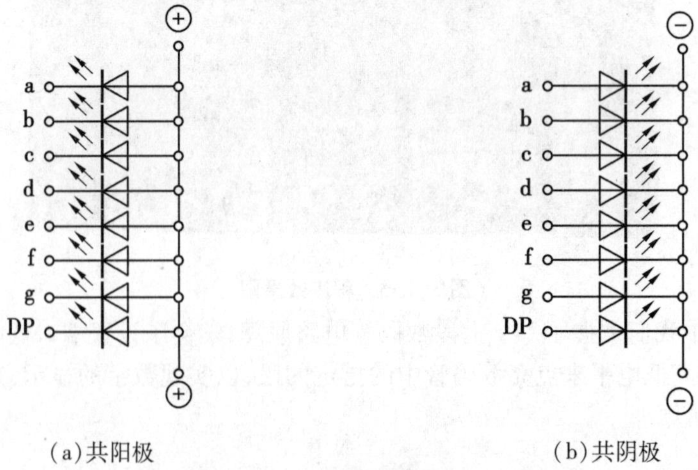

图 3-1-6　七段数码管内部结构

共阴极数码管的发光二极管的阴极连接在一起,通常此公共阴极接地。当某个发光二极管的阳极位高电平时,发光二极管点亮,相应的段被点亮。同样的,共阳极数码管的发光二极管的阳极连接在一起,通常此公共阳极接正电压,当某个发光二极管的阴极接低电平时,发光二极管被点亮,相应的段被点亮。

2.数码管显示原理

前面已经介绍过,七段数码管是由 7 个独立的二极管采用共阴极或者共阳极的方法连接而成的。通常将这 7 个独立的二极管做成 a、b、c、d、e、f、g 7 段,如图 3-1-7 所示。由图 3-1-4 可见,通过改变一个 7 位的二进制电平信号就可以显示出想要显示的数字。例如,点亮 a、c、d、e、f、g,数码管就会显示数字 6。点亮 a、b、c、d、e、f、g 就会显示数字 8。所以数码管的显示需要有 7 根连线。习惯上以"a"段对应段码字节为最低位,每个数字对应的二进制码如表 3-1-1 所示。

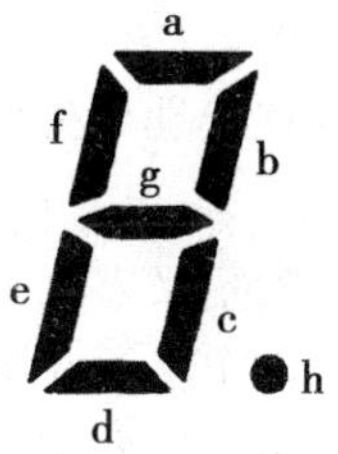

图 3-1-7　管脚定义

表 3-1-1　显示数字对应的二进制电平信号

显示数字	共阴极段码	共阳极段码
0	0111111B	1000000B
1	0000110B	1111001B
2	1011011B	0100100B
3	1001111B	0110000B
4	1100110B	0011001B
5	1101101B	0010010B
6	1111101B	0000010B
7	0000111B	1111000B
8	1111111B	0000000B
9	1101111B	0011010B

表 3-1-1 中数字对应的二进制值称为码值,在实际的使用过程中,由处理器直接将码值送给某一个端口,从而完成数字的显示。

3.宏定义

(1)宏定义又称为宏替换、宏代换,简称"宏"。其格式为:

#define 标识符 字符串

其中的标识符就是所谓的符号常量,也称为"宏名"。

预处理(预编译)工作也叫作宏展开,即将宏名替换成字符串。

掌握“宏”的概念关键就是“换”。一切以换为前提，做任何事情之前先要换，准确理解之前就要“换”：

例如：#define PI 3.1415926

把程序中出现的 PI 全部换成 3.1415926。几点说明：

①宏名一般用大写。

②使用宏可以提高程序的通用性和易读性，减少不一致性，减少输入错误和便于修改。例如：数组大小可以用宏定义。

③预处理是在编译之前进行的，编译工作的任务之一是语法检查，预处理不做语法检查。

④宏定义末尾不加分号“；”。

⑤宏定义写在函数花括号外边，作用域为其后的程序，通常在文件的最开头。

⑥可以用#undef 命令终止宏定义的作用域。

⑦宏定义可以嵌套。

⑧字符串“”中永远不包含宏。

⑨宏定义不分配内存，变量定义分配内存。

(2)带参数的宏定义，除了一般的字符串替换，还要做参数代换。其格式为：

#define 宏名(参数表)字符串

例如：#define S(a,b)a * b

area=S(3,2)；第一步被换为 area=a * b；第二步被换为 area=3 * 2；

类似于函数调用。几点说明：

①实参如果是表达式容易出问题。

#define S(r)r * r   //错误使用示例

area=S(a+b)；第一步换为 area=r * r；第二步被换为 r * r=a+b * a+b；

正确的宏定义是#define S(r)(r) * (r)

②宏名和参数的括号间不能有空格。

③宏替换只作替换，不做计算，不做表达式求解。

④函数调用在编译后程序运行时进行，并且分配内存。宏替换在编译前进行，不分配内存。

⑤宏的哑实结合不存在类型，也没有类型转换。

⑥函数只有一个返回值，利用宏则可以设法得到很多个值。

⑦宏展开使源程序变长，函数调用不会。

⑧宏展开不占用运行时间，只占编译时间，函数调用占运行时间(分配内存、保留现场、值传递、返回值)。

学习领航

时钟最早来源于日晷。日晷利用物体在一平面上影子的变化来计时，配合日晷水钟则是最早的计时仪器。古代亦有以水来计时的工具——铜壶滴漏，古人亦会烧香计时。

我国古代工匠又发明了漏刻。漏刻的使用比日晷更为普遍，时间也更为久远。

任务二　制作 10 秒计时器

任务引入

有时候，一个数码管要显示多个数字，如电子时钟，需要显示四位数字，而且是随着时间的变化，需要变换着显示数字。这次要做的就是模拟一个 10 秒计时显示，显示冒号以及数字，还要控制时间的使用。大家先来看看其中某一时刻数码管显示数字的效果，如图 3-2-1 所示。

图 3-2-1　数码管显示时间图

任务要求

(1) 正确识读电路原理图。

(2) 会正确编写程序。

(3) 程序下载完成后，按键按下，开始 10 s 倒计时。

准备工作

(1) 器材准备：电路实验板一块。

(2) 工具准备：白色 A4 纸一张、作图工具一套、笔一支。

作业流程图

准备工作完成后,按图 3-2-2 所示进行作业。

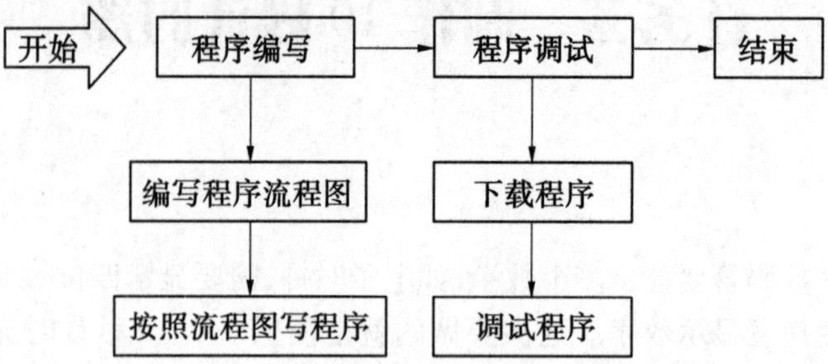

图 3-2-2　制作 10 s 计时器作业流程图

作业过程

1.识读电路图

由于本任务的电路与上一任务没有变化,因此识读电路图和安装电路图同图 3-1-3。下面我们直接对其中最右一位数码管进行操作。

2.编写控制程序

(1)制作 10 s 计时器的程序流程图如图 3-2-3 所示。

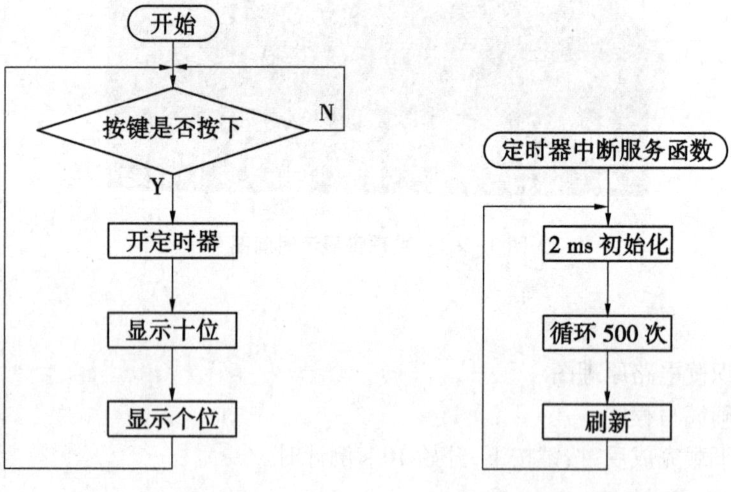

(a)程序流程图　(b)中断服务函数流程图

图 3-2-3　10 s 计时器的程序流程图

(2)源程序。

```
#include <stc8.h>
/*
P2 位选　HIGH P20 对应数码管最高位
```

P0 段选 LOW P06 对应 g P05 对应 f P04 对应 e P03 对应 d P02 对应 c P01 对应 b P00对应 a

```
*/
//10 秒计数器带小数加蜂鸣器
sbit sw19 = P6^4;
sbit buzzer = P3^7;
#define uint unsigned int
#define uchar unsigned char
int c=5,t=100,m=10,flag=0;
uchar code duan[]={0xc0,0xf9,0xa4,0xb0,0x99,0x92,0x82,0xf8,0x80,0x90,0x7f,
0xff};                                   //共阳 0-9 加冒号和清零 11 位
uchar code wei[]={0x80,0x40,0x20,0x10,0x08,0x04,0x02,0x01};  //从右到左,第
                                                             三位和第七
                                                             位数码管为
                                                             冒号

void delay(uint i);
void Timer0Init(void);
void dis(uint q,uint w,uint e);
void main()                              //主函数
{
  Timer0Init();
  EA=0;
  ET0=0;
  P6=0xff;
  buzzer=0;
  while(1)
  {
    if(sw19==0&&flag==0)                 //判断按键是否按下
    {
      delay(20000);
      if(sw19==0)
      {
        buzzer=1;
        delay(40000);
        buzzer=0;
        flag=1;
        EA  = 1;
        ET0 = 1;
```

```
                m=9;
            }
        }
        if(flag)
        {
            if(m==0)
            {
                flag=0;
                EA=0;
                ET0=0;
                buzzer=1;
                delay(60000);
                buzzer=0;
            }
        }
        dis(3,(m/10)%10,500);          //十位
        dis(2,m%10,500);               //个位
        if(t%24<12)
            dis(2,10,500);             //冒号
        else
            dis(2,11,500);
        dis(1,(t/10)%10,500);
        dis(0,t%10,500);
    }
}

void dis(uint q,uint w,uint e)          //数码管显示函数
{
    P2=wei[q];
    P0=duan[w];
    delay(e);
}

void delay(uint i)                      //延时函数
{
    while(--i);
}
```

```
void timer0()interrupt 1                //中断函数
{
   if(c>0)                              //10 ms
     c--;
   else
   {
     c=5;
     t--;
     if(t==0)
     {
       t=100;                           //计定时器中断的次数,定时器定时 10 ms,
                                          100 次为 1 s
       m--;                             //秒
     }
   }
}

void Timer0Init(void)                   //2 ms@24.000 MHz
{
   AUXR |= 0x80;                        //定时器时钟 1T 模式
   TMOD &= 0xF0;                        //设置定时器模式
   TL0 = 0x80;                          //设置定时初值
   TH0 = 0x44;                          //设置定时初值
   TF0 = 0;                             //清除 TF0 标志
   TR0 = 1;                             //定时器 0 开始计时
}
```

3.程序调试

(1)下载程序:将程序下载到芯片中。

(2)调试程序:程序正常后效果如图 3-2-4 所示。

在这个任务中,我们用数组给端口送相应的段码从而点亮数码管让其显示数字,使用定时器以控制时间来实现 10 s 倒计时。

想一想

知道了数组的使用方法,你能不能用单片机用数码管显示 60 s 计时器呢?

图 3-2-4　实验板显示效果图

做一做

编辑完成后,下载到单片机,看看效果会是怎么样的吧。

自评

项目内容	完成要求	分配分值/分	完成情况	自评分值
编写程序	程序结构正确	20		
	源程序正确	40		
调试程序	调试程序正确	40		

知识探究

数组是按序排列的同类数据元素的集合。一个数组可以分解为多个数组元素,这些数组元素可以是基本数据类型,也可以是构造类型。因此按数组元素的类型不同,数组又可分为数值数组、字符数组、指针数组、结构数组等各种类别。

1.二维数组

(1)二维数组声明的一般形式是:

类型说明符 数组名[常量表达式 1][常量表达式 2];

其中常量表达式 1 表示第一维下标的长度,常量表达式 2 表示第二维下标的长度。例如:

int a[3][4];说明了一个三行四列的数组,数组名为 a,其下标变量的类型整型。该

数组的下标变量共有 3×4 个，即

a[0][0]，a[0][1]，a[0][2]，a[0][3]

a[1][0]，a[1][1]，a[1][2]，a[1][3]

a[2][0]，a[2][1]，a[2][2]，a[2][3]

在 C 语言中，二维数组是按行排列的，放完一行之后顺次放入第二行，即按行顺次存放，先存放 a[0]行，再存放 a[1]行。每行中有四个元素也是一次存放。

(2)二维数组中的元素表示形式为：

数组名[下标][下标]

其中下标应为整型常量或整型表达式。例如：a[3][4]表示 a 数组的第三行第四列的元素。下标变量和数组说明在形式中有些相似，但两者具有完全不同的含义。数组说明的方括号中给出的是某一维的长度，即可取下标的最大值；而数组元素中的下标是该元素在数组中的位置标识。前者只能是常量，后者可以是常量、变量或表达式。

(3)二维数组初始化也是在类型说明时给各下标变量赋以初值。二维数组可按行分段赋值，也可按行连续赋值。例如，对数组 a[5][3]进行如下操作的结果是相同的。

①按行分段赋值可写为：

static int a[5][3]={{80,75,92},{61,65,71},{59,63,70},{85,87,90},{76,77,85}};

②按行连续赋值可写为：

static int a[5][3]={80,75,92,61,65,71,59,63,70,85,87,90,76,77,85};

这两种赋初值的结果是完全相同的。

对二维数组初始化赋值还有以下说明：

①可以只对部分元素赋初值，未赋初值的元素自动取 0 值。

例如 static int a[3][3]={{1},{2},{3}};是对每一行的第一列元素赋值，未赋值的元素取 0 值。赋值后各元素的值为：100 200 300

static int a[3][3]={{0,1},{0,0,2},};赋值后的元素值为 010 002 000

②如对全部元素赋初值，则第一维的长度可以不给出。

例如：static int a[3][3]={1,2,3,4,5,6,7,8,9};可以写为 static int a[][3]={1,2,3,4,5,6,7,8,9};

学习领航

一寸光阴一寸金，寸金难买寸光阴。在程序中按下按键时间才开始倒计时，而现实中的时间却是不等人的，时刻都在计时，所以要珍惜时光。

任务三　控制八位数码管显示

任务引入

前面都是让一个数码管显示数字，在实际生活中，我们经常看到多个数码管同时显示数字的情况。如数字万用表，同时在屏幕上显示的就有 4 个数字。让 8 个数码管显示“01234567”的效果如图 3-3-1 所示。

图 3-3-1　单片机控制八位数码管显示

任务要求

(1)正确编写程序。

(2)让 8 个数码管同时显示数字“01234567”。

准备工作

(1)器材准备：数码管电路板一块。

(2)工具准备：安装工具一套。

作业流程图

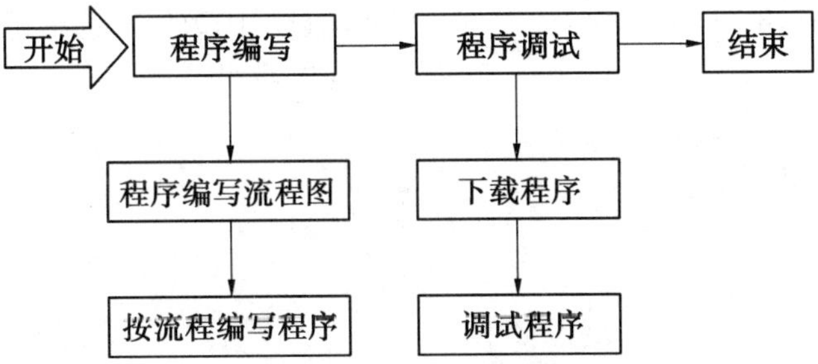

图 3-3-2　任务作业流程图

作业过程

1.编写控制程序

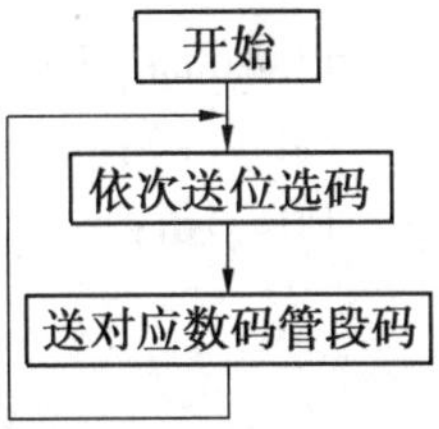

图 3-3-3　程序流程图

在上一任务中我们对其中一位数码管进行控制，而在本任务中，我们将对 8 个数码管分别进行显示控制，使其从左到右分别显示 0、1、2、3、4、5、6、7。

（1）8 个数码管分别显示 0、1、2、3、4、5、6、7 数字流程图，如图 3-3-3 所示。

（2）源程序。

```
#include <stc8.h>
/*
P2 位选　HIGH P20 对应数码管最高位
P1 段选　LOW　P06 对应 g P05 对应 f P04 对应 e P03 对应 d P02 对应 c P01 对应 b P00对应 a
*/
#define uchar unsigned char
#define uint unsigned int
uchar code duan[ ] = {0xc0,0xf9,0xa4,0xb0,0x99,0x92,0x82,0xf8,0x80,0x90,0x7f,0xff};    //共阳 0-9 加冒号和清零 11 位
uchar code wei[ ] = {0x80,0x40,0x20,0x10,0x08,0x04,0x02,0x01};    //从右到左，第三位和第七位数码管为冒号

void delay(uint i);
void dis(uint q,uint w,uint e);
void main()
{
   uchar i;
```

```
    while(1)
    {
      for(i=0;i<8;i++)                    //调用显示函数依次选中每位数码管,分别送
                                            对应的段码
      {
        dis(i,i,80);
      }
    }
}

void dis(uint q,uint w,uint e)
{
    P2=wei[q];
    P0=duan[7-w];
    delay(e);
    P0=0xff;
}

void delay(uint i)
{
    while(--i);
}
```

2.程序调试

(1)下载程序:将程序下载到芯片中。

(2)调试程序:程序正常后效果如图 3-3-4 所示。

图 3-3-4　程序正常后效果图

在这个任务中,我们用 P0 端口的某一位来选择某一数码管,用 P1 端口给数码管码值,让 8 个数码管显示数字。

想一想

如果把时间延长,如延长 0.5 ms,会发生什么情况呢?

做一做

将延时时间改成 0.5 ms,编程完成后运行程序,看看是什么效果。

自评

项目内容	完成要求	分配分值/分	完成情况	自评分值
编写程序	程序结构正确	20		
	源程序正确	40		
调试程序	调试程序正确	40		

知识探究

1.循环移位

设 a=0x45,则将 a 循环左移如表 3-3-1 所示。

表 3-3-1　十六进制

a	01000101	0x45
循环左移一次	10001010	0x8a
循环左移二次	00010101	0x15
循环左移三次	00101010	0x2a

将 a 循环左移 n 位,即将原来右面(8-n)位左移 n 位,而将原来左端的 n 位移到最右面 n 位,则 a 循环右移如表 3-3-2 所示。

表 3-3-2　十六进制

a	01011001	0x59
循环右移一次	10101100	0xac

续表

a	01011001	0x59
循环右移二次	01010110	0x56
循环右移三次	00101011	0x2b

将 a 循环右移 n 位,即将原来左面(8-n)位右移 n 位,而将原来右端的 n 位移到最左面 n 位。

在单片机中,intrins.h 文件中定义循环移位函数。

crol(unsigned char val,unsigned char n)字符循环左移

cror(unsigned char val,unsigned char n)字符循环右移

irol(unsigned char val,unsigned char n)整数循环左移

iror(unsigned char val,unsigned char n)整数循环右移

lrol(unsigned char val,unsigned char n)长整数循环左移

lror(unsigned char val,unsigned char n)长整数循环右移

其中,_crol_,_irol_,_lrol_以位形式将 val 左移 n 位,_cror_,_iror_,_lror_以位形式将 val 右移 n 位。在实际应用中,我们只需要将 intrins.h 头文件包含进去,在程序中即可使用上述 6 个函数了。

2.除法运算

(1)符号:"/"

(2)表达式为　A/B;

(3)运算规则:基本上同数学的除法运算。

例如:

int a=10,b=2,c;

c=a/b;

则 c 的值为 5。

C 语言规定:整型/整型=整型,浮点型/整型=浮点型,整型/浮点型=浮点型。因此表达式 5/2 的值不是我们想的 2.5 而是 2,在使用中要注意。想要得到 2.5 则必须对数据进行转化。如用:int a=4,b=6;

float c;

c=(float)a/b;即可。

3.取模运算"%"

(1)符号:"%"

(2)表达式为　A%B;

(3)运算规则:求 A/B 的余数。

例:3%2 结果就是 1

注意:%两边必须是整数。

学习领航

8 位数码管的显示需要一个接一个地控制数码管的显示才能够实现。做事情也是一样,要脚踏实地,一步一个脚印地做。

任务四　矩阵键盘键值显示

任务引入

在之前的任务中学了多位数码管的使用。在实际中我们经常也是会看到多位数的显示,比如使用加减法计算器的时候,下面来看一下单片机显示矩阵键盘键值的效果,如图 3-4-1 所示。

图 3-4-1　矩阵键盘键值显示

任务要求

(1)正确编写程序。

(2)按下矩阵键在数码管上显示该按键的键值。

准备工作

器材准备:任务电路板一块。

作业流程图

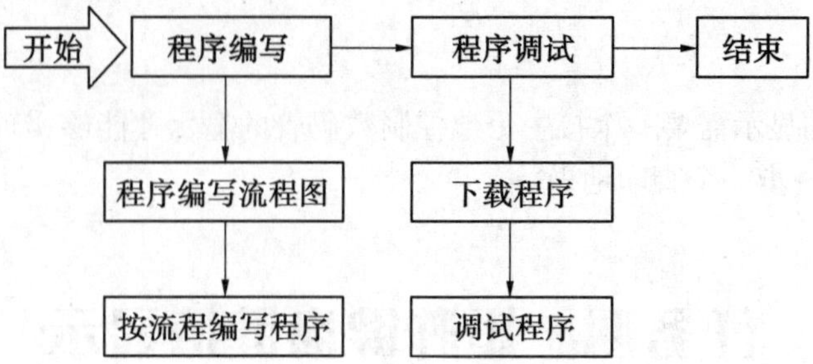

图 3-4-2　任务作业流程图

作业过程

1.识读电路图

制作矩阵键盘的键值显示电路图,如图 3-4-3 所示。

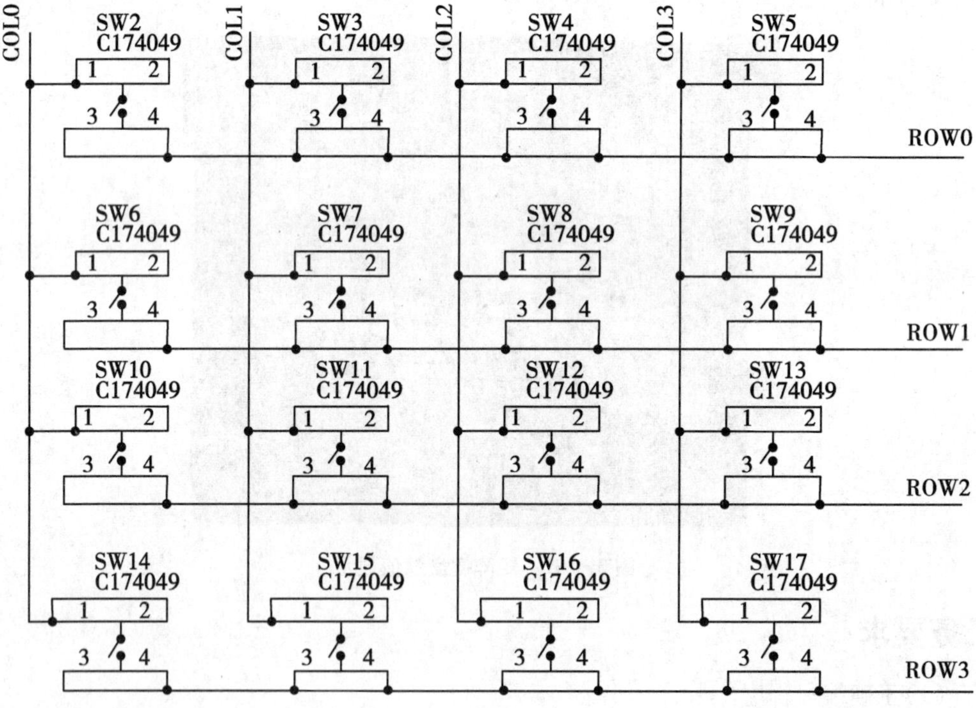

图 3-4-3　矩阵键盘电路图

2.编写控制程序

(1)程序流程图

矩阵键盘键值显示按如下流程图(图 3-4-4)执行程序,。

(2)源程序为:

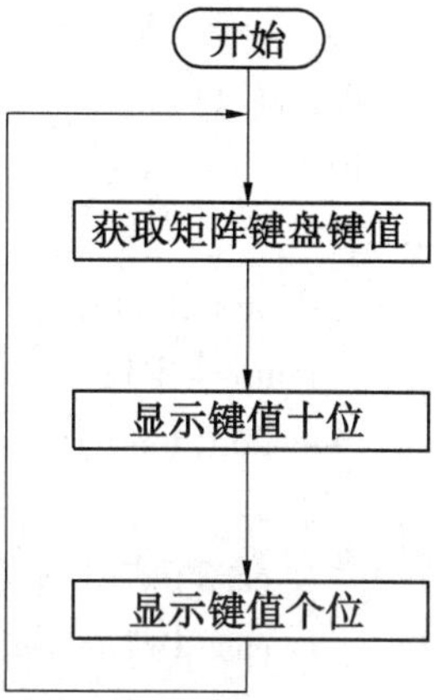

图 3-4-4　程序流程图

```
#include <stc8.h>
/ *
P2 位选   HIGH P20 对应数码管最高位
P0 段选   LOW   P06 对应 g,P05 对应 f,P04 对应
e,P03 对应 d,P02 对应 c,P01 对应 b,P00 对应 a
P1 矩阵键盘 P10-3 为行,4-7 为列
 * /
//矩阵键盘
#define uint unsigned int
#define uchar unsigned char
uchar x=0,c=0,y=0,temp;
uchar code duan[ ] = {0xc0,0xf9,0xa4,0xb0,0x99,0x92,0x82,0xf8,0x80,0x90,0x7f,
0xff} ;                                    //共阳 0-9 加冒号和清零 11 位
uchar code wei[ ] = {0x80,0x40,0x20,0x10,0x08,0x04,0x02,0x01} ;  //从右到左,第三
                                                                    位和第七位数
                                                                    码管为冒号

void delay(uint i) ;                       //定义延时函数
void dis(uint q,uint w,uint e) ;           //定义数码管显示函数,第一个值为位选 1—
                                             8,第二个值为段选 1—12
uchar skey( ) ;                            //按键扫描函数,返回值为 1—16 按键值

void main( )                               //主函数
{
  P3=0x00;                                 //蜂鸣器端口初始化,防止蜂鸣器叫
  while(1)                                 //主循环
  {
    c=skey( ) ;                            //把按钮的值读出来放到 c 里面
    dis(1,c%10,500) ;                      //数码管显示个位
    dis(2,c/10,50) ;                       //数码管显示十位
  }
}
uchar skey( )                              //按键扫描函数
{
  P1 = 0x7f;                               //只让第四列为低
  if(P1 ! = 0x7f)                          //判断第 4 列按钮是否按下
```

```
{
  delay(200);                    //延时消抖
  if(P1 ! = 0x7f)                //再次判断第 4 列按钮是否按下
  {
    delay(200);                  //延时消抖
    temp = P1;                   //把 P1 端口的值给 temp
    switch(temp)                 //判断 4 个按钮哪一个按下返回相应的值
    {
      case 0x7e: return 4; break;
      case 0x7d: return 8; break;
      case 0x7b: return 12; break;
      case 0x77: return 16; break;
      default: return 0; break;
    }
  }
}

P1 = 0xbf;                       //只让第 3 列为低
if(P1 ! = 0xbf)                  //判断第 3 列按钮是否按下
{
  delay(200);                    //延时消抖
  if(P1 ! = 0xbf)                //把 P1 端口的值给 temp
  {
    delay(200);                  //延时消抖
    temp = P1;                   //把 P1 端口的值给 temp
    switch(temp)                 //判断 4 个按钮哪一个按下返回相应的值
    {
      case 0xbe: return 3; break;
      case 0xbd: return 7; break;
      case 0xbb: return 11; break;
      case 0xb7: return 15; break;
      default: return 0; break;
    }
  }
}

P1 = 0xdf;                       //只让第 2 列为低
if(P1 ! = 0xdf)                  //判断第 2 列按钮是否按下
```

```
{
  delay(200);                    //延时消抖
  if(P1 ! = 0xdf)                //把 P1 端口的值给 temp
  {
    delay(200);                  //延时消抖
    temp = P1;                   //把 P1 端口的值给 temp
    switch(temp)                 //判断 4 个按钮哪一个按下返回相应的值
    {
      case 0xde: return 2; break;
      case 0xdd: return 6; break;
      case 0xdb: return 10; break;
      case 0xd7: return 14; break;
      default: return 0; break;
    }
  }
}

P1 = 0xef;                       //只让第 1 列为低
if(P1 ! = 0xef)                  //判断第 1 列按钮是否按下
{
  delay(200);                    //延时消抖
  if(P1 ! = 0xef)                //把 P1 端口的值给 temp
  {
    delay(200);                  //延时消抖
    temp = P1;                   //把 P1 端口的值给 temp
    switch(temp)                 //判断 4 个按钮哪一个按下返回相应的值
    {
      case 0xee: return 1; break;
      case 0xed: return 5; break;
      case 0xeb: return 9; break;
      case 0xe7: return 13; break;
      default: return 0; break;
    }
  }
}
return 0;
}
```

```
void dis(uint q,uint w,uint e)
{
  P2=wei[q-1];
  P0=duan[w];
  delay(e);
}

void delay(uint i)
{
  while(--i);
}
```

3.程序调试

(1)下载程序:将程序下载到芯片中。

(2)调试程序:程序正常后效果如图 3-4-5 所示。

图 3-4-5　程序正常后效果图

在这个任务中我们用到了矩阵键盘,也使用了数码管来显示键值,行列扫描法获得相应的键值,再对键值做显示处理,从而得到键值的显示。

想一想

如要从 10 号键开始,显示改成十六进制数代替,该怎么办呢?

做一做

设计并编译程序，然后下载到实验板观察效果吧。

自评

项目内容	完成要求	分配分值/分	完成情况	自评分值
编写程序	程序结构正确	20		
	源程序正确	40		
调试程序	调试程序正确	40		

知识探究

数据类型

数据类型是按照被定义变量的性质、表示形式、占据存储空间的多少、构造特点来划分的。在 C 语言中，数据类型可分为基本数据类型、构造数据类型、指针数据类型、空类型四大类。

1）基本数据类型

基本数据类型最主要的特点是，其值不可以再分解为其他类型。也就是说，基本数据类型是自我说明的。

2）构造数据类型

构造数据类型是根据已定义的一个或者多个数据类型用构造的方法来定义的。也就是说，一个构造类型的值可以分解成若干个“成员”或“元素”。每个成员都是一个基本数据类型或又是一个构造类型。

3）指针类型

指针是一种特殊的，同时又是具有重要作用的数据类型。其值用来表示某个变量在内存储器中的地址。虽然指针变量的取值类似于整型量，但这是两类完全不同的量，因此不能混为一谈。

4）空类型

在函数调用时，通常应向调用者返回一个函数值。但是也有一类函数，调用后并不需要向调用者返回函数值，这种函数可以定义为“空类型”，其类型说明符位 void。

C 语言还提供了几种聚合类型，包括数组、指针、结构、共用体（联合）、位域和枚举。

除 void 类型外，基本类型的前面可以有各种修饰符。修饰符用来改变基本类型的意义，以便更准确地适应各种情况的需求。修饰等如下：

- signed（有符号）

- unsigned（无符号）
- long（长型符）
- short（短型符）

修饰符 signed、short、long 和 unsigned 适用于字符和整数两种基本类型，long 还可用于 double。

学习领航

矩阵键盘要求按下哪个按键就要显示相对应的键值，要做到实事求是。实事求是，是马克思主义的根本观点，是中国共产党认识世界、改造世界的根本要求，是我们党的基本思想方法、工作方法、领导方法。

任务五　制作数字时钟

任务引入

在日常生活中，数字时钟大家都见到过。下面就来看看单片机制作数字时钟的效果，如图 3-5-1 所示。

图 3-5-1　数字时钟显示效果图

任务要求

（1）正确编写程序。

（2）让数码管按照数字时钟显示。

准备工作

器材准备:任务电路板一块。

作业流程图

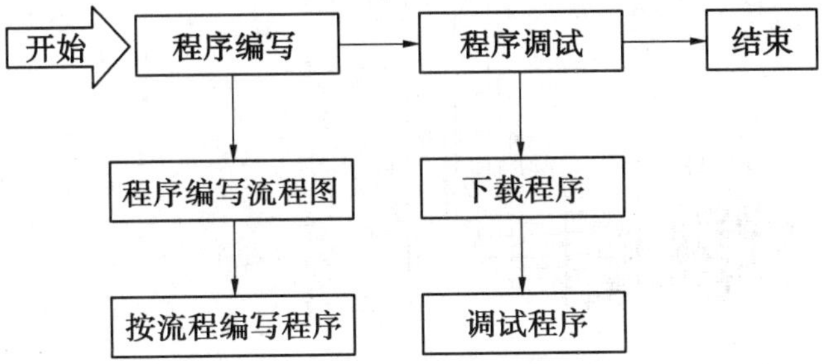

图 3-5-2 任务作业流程图

作业过程

1.识读电路图

制作数字时钟电路图,如图 3-5-3 所示。

2.编写控制程序

数字时钟按如下流程图(图 3-5-4)执行程序。

源程序如下:

```
#include <stc8.h> //STCA
/*
P2 位选  HIGH P20 对应数码管最高位
P0 段选  LOW  P06 对应 g,P05 对应 f,P04 对应 e,P03 对应 d,P02 对应 c,P01 对应 b,P00 对应 a
P1 矩阵键盘 P10-3 为行,4-7 为列
*/
//数字时钟
sbit buzzer = P3^7;                    //定义蜂鸣器控制引脚
sbit set = P6^4;
#define uint unsigned int
#define uchar unsigned char
bit f1=0,f2=0;
uchar x=0,y=0,temp,tab=1,temp1;
uint c=5,t=0,min=0,sec=0,hour=0,flag=0,k1=0;
uchar shi=0,fen=0,miao=0;
```

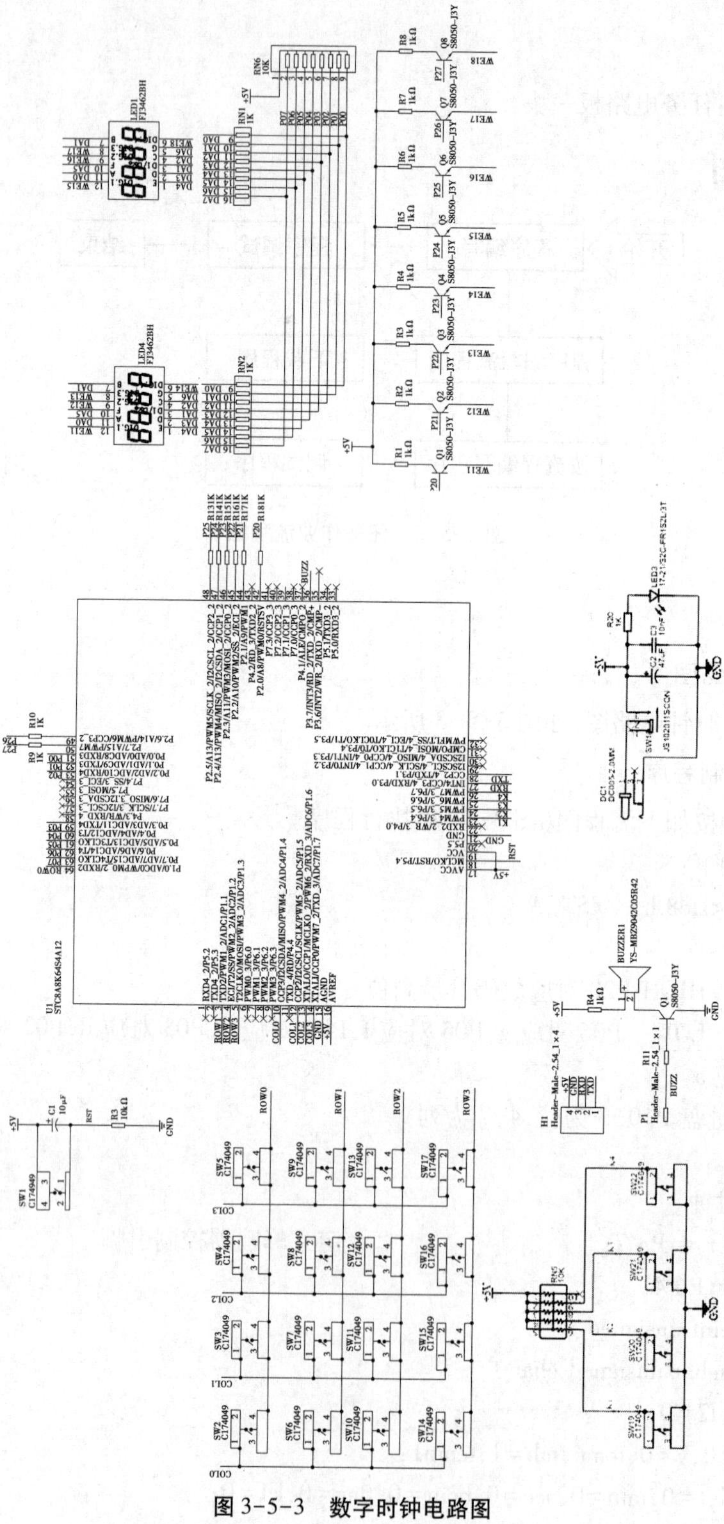

图 3-5-3　数字时钟电路图

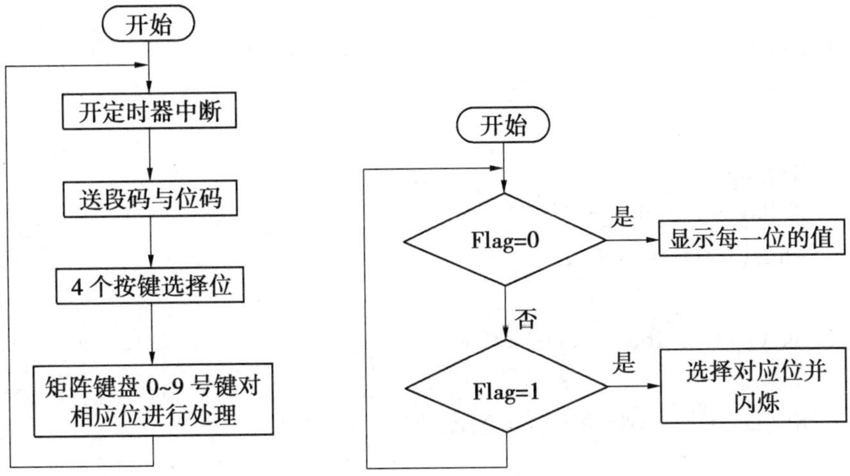

(a)主函数流程图　　(b)display 子函数

图 3-5-4　程序流程图

```
uchar code duan[ ] = {0xc0,0xf9,0xa4,0xb0,0x99,0x92,0x82,0xf8,0x80,0x90,0x7f,
0xff,0xbf};                           //共阳 0-9 加冒号、清零和-共 13 位
uchar code wei[ ] = {0x80,0x40,0x20,0x10,0x08,0x04,0x02,0x01};
                                      //从右到左,第三位和第七位数码管为冒号

/*
 0x80>>n
 */
void delay(uint i);                   //定义延时函数
void Timer0Init(void);                //定时器初始化
void dis(uint q,uint w,uint e);       //定义数码管显示函数,第一个值为段选 1—
                                        8,第二个值为段选 1—12
void display();                       //数码管显示函数

uchar skey();                         //按键扫描函数,返回值为 1—16 的按键值
uchar fkey();                         //4 位独立按键扫描函数

void main()                           //主函数
{
   buzzer=0;                          //蜂鸣器端口初始化,防止蜂鸣器叫
   Timer0Init();                      //定时器初始化
   EA=1;                              //打开总中断允许位
   ET0=1;                             //允许 T0 位
   while(1)                           //主循环
```

```
{
    display();                              //显示数码管内容
    if(fkey()==1)
    {
      flag++;
      if(flag >= 2)flag = 0;
      while(fkey()== 1);
    }
    if(skey()! = 16&&skey()<10)
    {
      if((tab == 6&&skey()<=2)&&k1==0)
      {
        k1=1;
        if(shi%10>4&&skey()<2)
            shi=skey() * 10+shi%10;
        else if(shi%10<4)
          shi=skey() * 10+shi%10;
        hour=shi;
      }
      if(tab == 5&&k1==0)
      {
        k1=2;
        if(shi/10>1&&skey()<4)
            shi=skey()+(shi/10) * 10;
        else if(shi/10<2)
            shi=skey()+(shi/10) * 10;
        hour=shi;
      }
      if((tab==4&&k1==0)&&skey()<6)
      {
        k1=3;
        fen=skey() * 10+fen%10;
        min=fen;
      }
      if(tab==3&&k1==0)
```

```
        {
          k1=4;
          fen=skey()+(fen/10)*10;
          min=fen;
        }
        if((tab==2&&k1==0)&&skey()<6)
        {
          k1=5;
          miao=skey()*10+miao%10;
          sec=miao;
        }
        if(tab==1&&k1==0)
        {
          k1=6;
          miao=skey()+(miao/10)*10;
          sec=miao;
        }
      }
      else
        k1=0;
    }
}

void display()
{
  switch(flag)
  {
    case 0:
      dis(8,hour/10,500);
      dis(7,hour%10,500);
      dis(5,min/10,500);
      dis(4,min%10,500);
      if(t%100<50)
      {
        dis(3,11,500);
        dis(6,11,500);
      }
```

```
    else
    {
      dis(3,12,500);
      dis(6,12,500);
    }
    dis(2,sec/10,500);
    dis(1,sec%10,500);
    break;
  case 1:
    if(fkey()== 2 && f1==0 )     //左<<
    {
      tab++;
      f1=1;
    }
    else if(fkey()!=2 && f1==1)f1=0;
    if(tab >= 7)tab = 1;

    if(fkey()==3 && f2==0)      //右>>
    {
      tab--;
      f2=1;
    }
    else if(fkey()!= 3 && f2 == 1)f2=0;
    if(tab <= 0)tab = 6;

    dis(3,12,500);                  //显示横线
    dis(6,12,500);

    switch(tab)
    {
      case 1:
        if(t%50<25)dis(1,sec%10,500);
      else dis(1,11,500);

        dis(8,hour/10,500);
        dis(7,hour%10,500);
        dis(5,min/10,500);
```

```
    dis(4,min%10,500);
    dis(2,sec/10,500);
    break;
  case 2:
    if(t%50<25)dis(2,sec/10,500);
  else dis(1,11,500);

    dis(8,hour/10,500);
    dis(7,hour%10,500);
    dis(5,min/10,500);
    dis(4,min%10,500);
    dis(1,sec%10,500);
    break;
  case 3:
    if(t%50<25)dis(4,min%10,500);
  else dis(1,11,500);

    dis(8,hour/10,500);
    dis(7,hour%10,500);
    dis(5,min/10,500);
    dis(2,sec/10,500);
    dis(1,sec%10,500);
    break;
  case 4:
    if(t%50<25)dis(5,min/10,500);
  else dis(1,11,500);

    dis(8,hour/10,500);
    dis(7,hour%10,500);
    dis(4,min%10,500);
    dis(2,sec/10,500);
    dis(1,sec%10,500);
    break;
  case 5:
    if(t%50<25)dis(7,hour%10,500);
  else dis(1,11,500);
```

```
            dis(8,hour/10,500);
            dis(5,min/10,500);
            dis(4,min%10,500);
            dis(2,sec/10,500);
            dis(1,sec%10,500);
            break;
          case 6:
            if(temp1 ! = 16 && temp <= 2)
            {
              hour = temp1;
            }
            if(t%50<25)dis(8,hour/10,500);
          else dis(1,11,500);

            dis(7,hour%10,500);
            dis(5,min/10,500);
            dis(4,min%10,500);
            dis(2,sec/10,500);
            dis(1,sec%10,500);
            break;
        }
        break;
    }
}

void timer0()interrupt 1
{
  if(c<5)//10ms
    c++;
  else
  {
    c=0;
    t++;
    if(t= =100)
    {
      t=0;
      if(flag= =0)
```

```
            sec++;                          //秒
          if(sec==60)
          {
            sec=0;
            min++;                          //分
            if(min==60)
            {
              min=0;
              hour++;                       //时
              if(hour==24)
              {
                hour=0;
              }
            }
          }
        }
      }
    }

    uchar fkey()
    {
      P6=0xff;                              //4位独立按键初始化
      if(P6 != 0xff)
      {
        delay(200);
        if(P6 != 0xff)
        {
          delay(200);
          temp = P6;
          switch(temp)
          {
            case 0x7f: return 4; break;
            case 0xbf: return 3; break;
            case 0xdf: return 2; break;
            case 0xef: return 1; break;
            default: return 0; break;
          }
```

```
        }
    }
    return 0;
}

uchar skey()                              //按钮扫描函数,使用列扫方法
{
    P1 = 0x7f;                            //只让第 4 列为低
    if(P1 ! = 0x7f)                       //判断第 4 列按钮是否按下
    {
        delay(200);                       //延时消抖
        if(P1 ! = 0x7f)                   //再次判断第 4 列按钮是否按下
        {
            delay(200);                   //延时消抖
            temp=P1;                      //把 P1 端口的值给 temp
            switch(temp)                  //判断 4 个按钮哪一个按下返回相应的值
            {
                case 0x7e: return 10; break;
                case 0x7d: return 11; break;
                case 0x7b: return 12; break;
                case 0x77: return 13; break;
                default: return 16; break;
            }
        }
    }

    P1 = 0xbf;                            //只让第 3 列为低
    if(P1 ! = 0xbf)                       //判断第 3 列按钮是否按下
    {
        delay(200);                       //延时消抖
        if(P1 ! = 0xbf)                   //把 P1 端口的值给 temp
        {
            delay(200);                   //延时消抖
            temp=P1;                      //把 P1 端口的值给 temp
            switch(temp)                  //判断 4 个按钮哪一个按下返回相应的值
            {
                case 0xbe: return 3; break;
```

```
            case 0xbd: return 6; break;
            case 0xbb: return 9; break;
            case 0xb7: return 14; break;
            default: return 16; break;
        }
    }
}

P1=0xdf;                                //只让第 2 列为低
if(P1! =0xdf)                           //判断第 2 列按钮是否按下
{
    delay(200);                         //延时消抖
    if(P1 ! = 0xdf)                     //把 P1 端口的值给 temp
    {
        delay(200);                     //延时消抖
        temp = P1;                      //把 P1 端口的值给 temp
        switch(temp)                    //判断 4 个按钮哪一个按下返回相应的值
        {
            case 0xde: return 2; break;
            case 0xdd: return 5; break;
            case 0xdb: return 8; break;
            case 0xd7: return 15; break;
            default: return 16; break;
        }
    }
}

P1 = 0xef;                              //只让第 1 列为低
if(P1 ! = 0xef)                         //判断第 1 列按钮是否按下
{
    delay(200);                         //延时消抖
    if(P1 ! = 0xef)                     //把 P1 端口的值给 temp
    {
        delay(200);                     //延时消抖
        temp = P1;                      //把 P1 端口的值给 temp
        switch(temp)                    //判断 4 个按钮哪一个按下返回相应的值
```

```
            {
                case 0xee: return 1; break;
                case 0xed: return 4; break;
                case 0xeb: return 7; break;
                case 0xe7: return 0; break;
                default: return 16; break;
            }
        }
    }
    return 16;
}

void dis(uint q,uint w,uint e)
{
    P2=wei[q-1];
    P0=duan[w];
    delay(e);
}

void Timer0Init(void)                    //2 ms@ 24.000 MHz
{
    AUXR |= 0x80;                        //定时器时钟 1T 模式
    TMOD &= 0xF0;                        //设置定时器模式
    TL0 = 0x80;                          //设置定时低位初值
    TH0 = 0x44;                          //设置定时高位初值
    TF0 = 0;                             //清除 TF0 标志
    TR0 = 1;                             //定时器 0 开始计时
}

void delay(uint i)
{
    while(--i);
}
```

3.程序调试

(1)下载程序:将程序下载到芯片中。

(2)调试程序:程序正常后效果如图 3-5-5 所示。

图 3-5-5　程序效果图

在这个任务中，我们用到了计时器来计时，同时还通过独立按钮实现了小时、分钟、秒钟的选择，在选择后通过矩阵键盘可实现修改时间，最后还实现了用八位数码管显示时间和修改状态的功能。

想一想

换成定时器 T1 来控制时间又该怎样控制呢？

做一做

用定时器 T1 来控制数字时钟。

自评

项目内容	完成要求	分配分值/分	完成情况	自评分值
编写程序	程序结构正确	20		
	源程序正确	40		
调试程序	调试程序正确	40		

知识探究

1.逻辑运算符

在 C51 中常用的逻辑运算有逻辑与,逻辑或,逻辑非。

(1)逻辑与:符号是 &&,表达式为 A&&B,运算结果是逻辑值,运算规则如表 3-5-1 所示,用一句话概括就是全真为真,有假为假。

表 3-5-1 逻辑与运算规则

A	B	结果
0	0	假
0	1	假
1	0	假
1	1	真

(2)逻辑或:符号是||,表达式为 A||B,运算结果是逻辑值,运算规则如表 3-5-2 所示,用一句概括就是有真为真,全假为假。

表 3-5-2 逻辑或运算规则

A	B	结果
0	0	假
0	1	真
1	0	真
1	1	真

(3)逻辑非:符号是!,表达式为! A,运算结果是逻辑值,运算规则就将 A 的值取反,A 的值为真结果为假,A 的值为假结果为真。

2.逻辑运算符优先次序

"&&"和"||"是双目运算符,它要求有两个运算对象(操作数),具有左右结合性。"!"是单目运算符,只要求有一个运算对象,具有右结合性。

逻辑运算符和其他运算符优先级的关系可表示为:

! (非) ↑(高)
算术运算符
关系运算符
&& 和 ||
赋值运算符 (低)

在一个逻辑表达式中,如果包含多个逻辑运算符,按照以下优先次序:

(1)!(非)→&&(与)→||(或),即"!(非)"为三者中最高的。

(2)逻辑运算符中的"&&"和"||"低于关系运算符,"!"高于算术运算符

例如:

a>b&&c>d 等价于(a>b)&&(c>d)

!b==c||d<a 等价于((!b)==c)||(d<a)

a+b>c&&x+y<b 等价于((a+b)>c)&&((x+y)<b)

学习领航

60 s 为一分钟,60 min 为一小时,24 h 为一天。时间积少成多。工作学习也是一样,每天安排一些任务,看似很少,只要持之以恒,就会有很大的进步。

学习检测

1.在程序中,宏定义和函数的区别是______________________________。

2.运算符+、&&、==、>的优先级顺序是______________________________。

3.
```
#define  MIN(x,y)(x)>(y)?(x):(y)
#define T(x,y,r)x*r*y/4
  main()
  {
  int a=1,b=3,c=5,s1,s2;
  s1=MIN(a=b,b-a);
  s2=T(a++,a*,++b,a+b+c);
  }
```

执行后,s1 和 s2 的值分别是多少?

4.设数组 a[50][80]首地址 a[0][0]为 2000H,每个元素占 2 个存储单元,以行序主序顺序存储,则 a[45][67]存储地址是(　　)

A.3CA6H　　B.4A3AH　　C.3C06H　　D.499AH

5.设一个操作数 x 有 s 位,则循环左移 n 位的操作为:

(x<<n)|(x>>(s-n));

同理右移 n 位:

(x>>n)|(x<<(s-n));

这种说法正确吗?请说明理由。

6.设有说明:char w;int x;float y;double z;则表达式 w * y+z-x 值的数据类型为(　　)。

A.float　　B.char　　C.int　　D.double

7.简述 LED 数码管动态扫描的原理及其实现方式。

8.要求:编写一个计数器程序,将 T0 作为计数器来使用,对外部信号计数,将所记数字显示在数码管上。

9.简述行列扫描法的原理。

10.LED 静态显示方式与动态显示方式有何区别？各有什么优缺点？

项目四

广告屏

LED显示屏是一种通过控制半导体发光二极管发光的显示方式，用来显示文字、图形、图像、动画、视频等各种信息的显示屏幕。LED显示屏显示画面色彩艳丽、效果逼真，广泛应用于车站、机场、商场、医院、宾馆、银行等公共场所。它的优点是：亮度高、工作电压低、功耗小、微型化、易与集成电路匹配、驱动简单、寿命长、耐冲击、性能稳定。LED显示屏不仅可以用于室内环境还可以用于室外环境，具有投影仪、电视墙、液晶显示屏无法比拟的优点。点阵效果如图4-0-1所示。

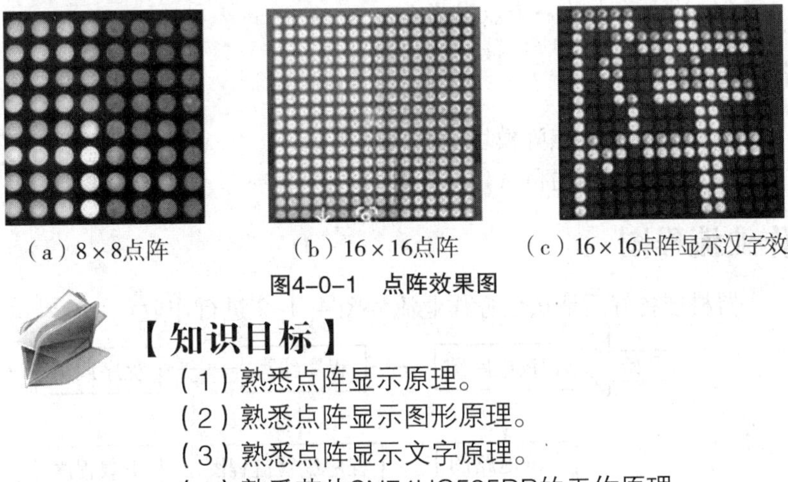

（a）8×8点阵　（b）16×16点阵　（c）16×16点阵显示汉字效果

图4-0-1　点阵效果图

【知识目标】

（1）熟悉点阵显示原理。
（2）熟悉点阵显示图形原理。
（3）熟悉点阵显示文字原理。
（4）熟悉芯片SN74HC595DR的工作原理。

【能力目标】

（1）会编程控制16×16点阵任一点发光。
（2）会编程控制16×16点阵显示汉字。
（3）会编程控制16×16点阵动态显示汉字。

【情感态度】

勇于探究电子产品或新设备中的电学原理及控制原理，有将专业技术应用于日常生活、社会实践的意识。乐于参与观察、实验、制作、调查等专业实践活动。

任务一 点亮点阵一个点

任务引入

点阵显示在现实中应用得越来越多,安装调试方便快捷,显示的文字、画面丰富,深受电子爱好者们的喜爱,我们学习的第一个任务是点亮点阵一个点,观察其发光效果。点阵一个点发光的效果如图 4-1-1 所示。

图 4-1-1 点阵一个点发光效果

任务要求

(1)正确识读原理图;

(2)正确安装电路;

(3)正确编写程序;

(4)让点阵中的一个点发光。

准备工作

(1)器材准备:点阵模块电路板一块。

(2)工具准备:白色 A4 纸一张、作图工具一套、笔一支。

作业流程图

器材准备好后请按任务作业流程图 4-1-2 进行作业。

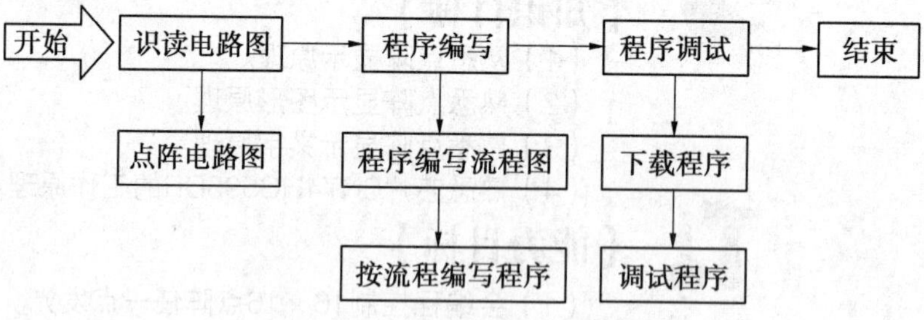

图 4-1-2 任务作业流程图

作业过程

1.识读电路图

点亮点阵一个点的控制电路图如图 4-1-3 至图 4-1-6 所示。

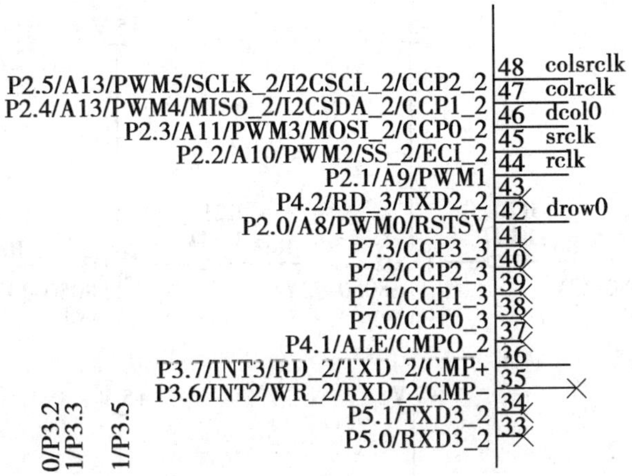

图 4-1-3　主机连接电路

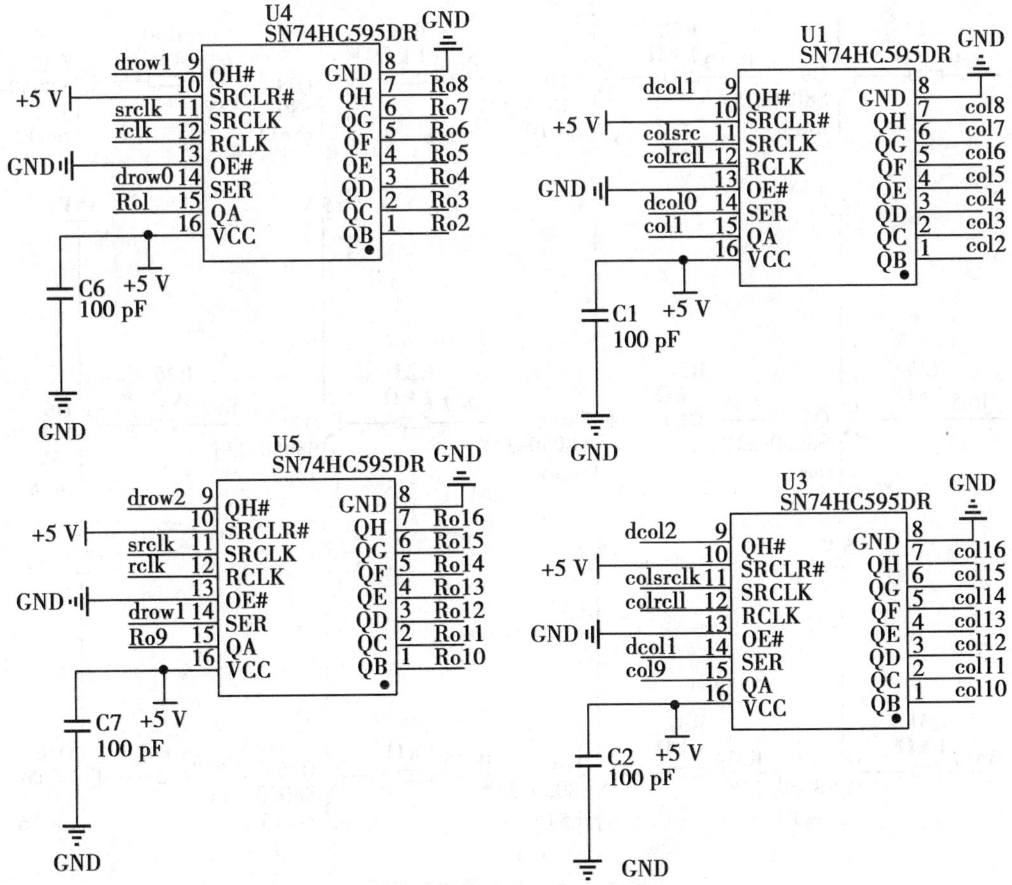

图 4-1-4　SN74HC595DR 连接电路图

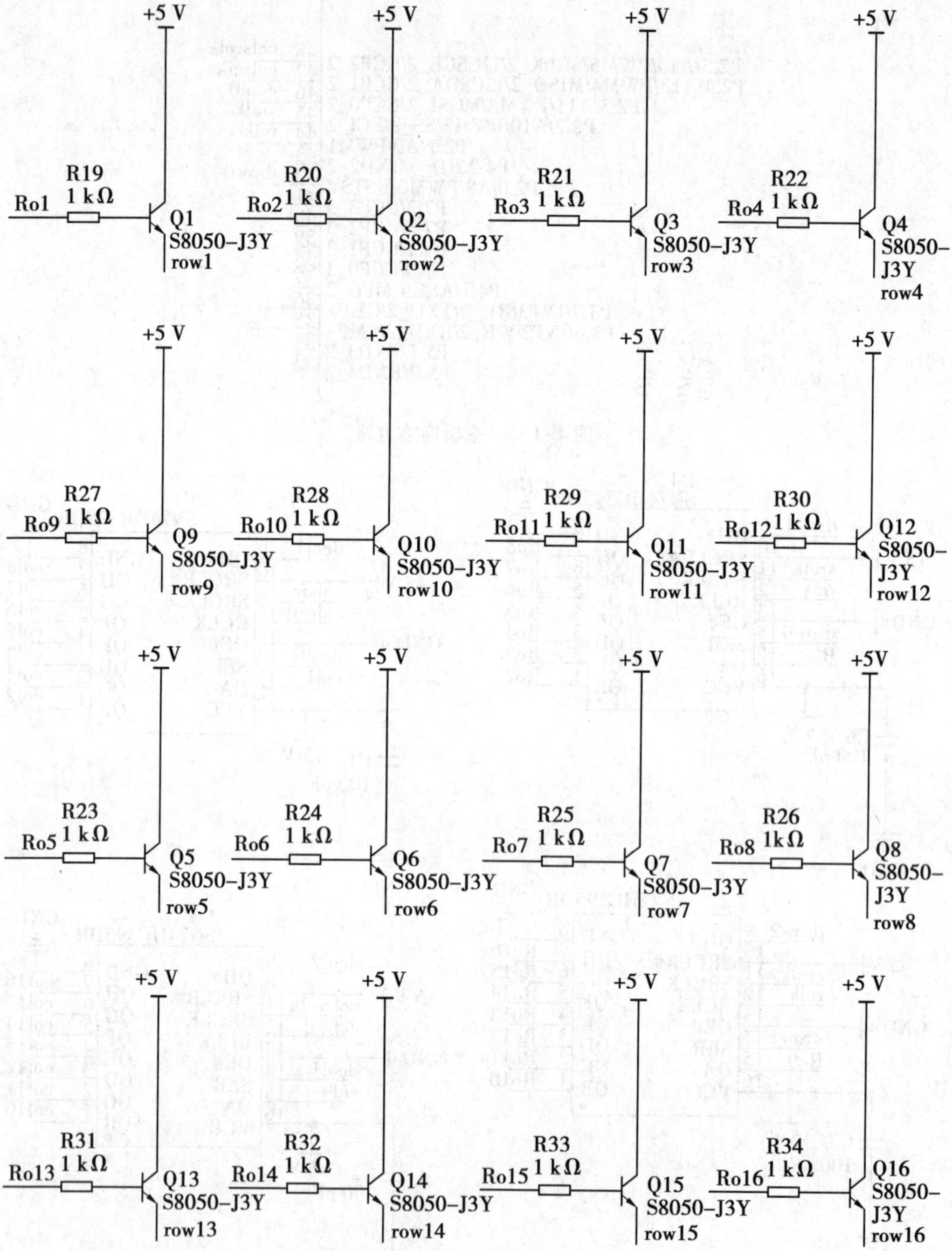

图 4-1-5 点阵驱动电路图

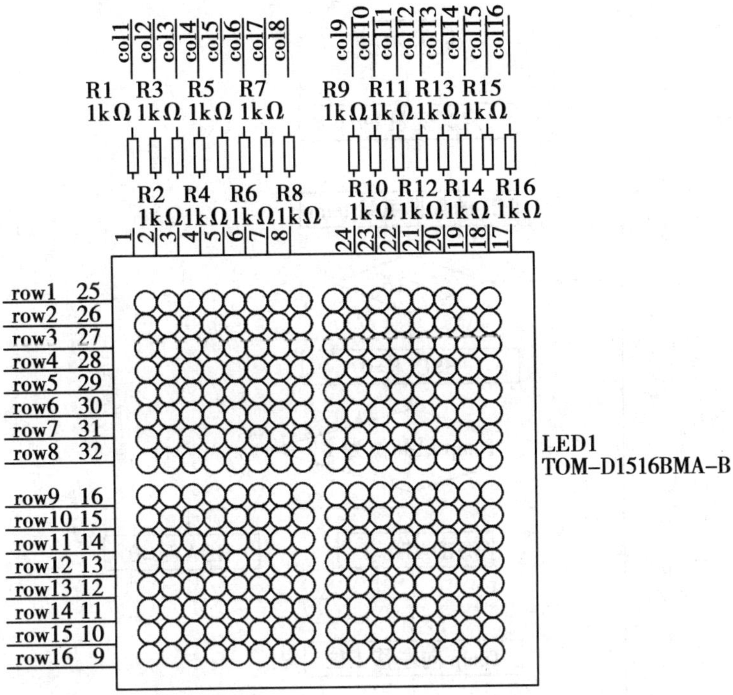

图 4-1-6　16×16 点阵电路图

2.编写控制程序

(1)点亮点阵一个点的任务按图 4-1-7 所示流程执行,写入列子程序流程图同写入行子程序流程图,如图 4-1-8 所示。

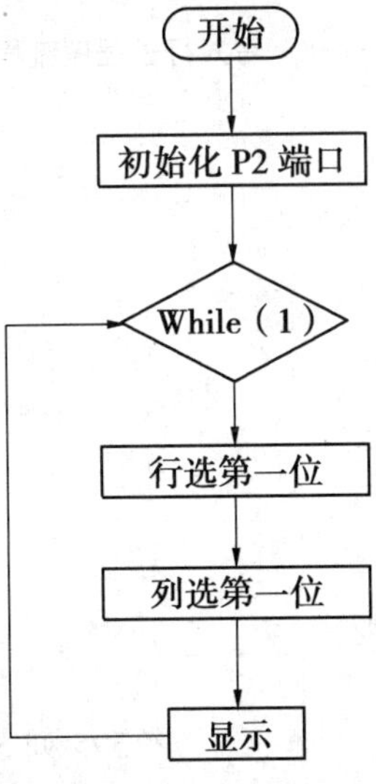

图 4-1-7　主程序流程图

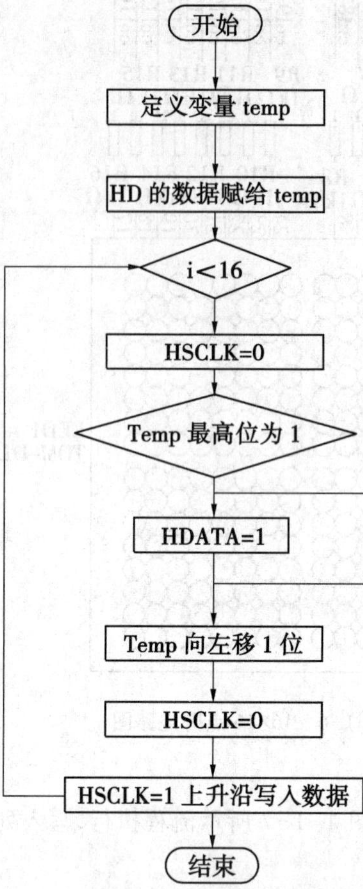

图 4-1-8 写入行子程序流程图

(2)源程序:

```
#include <stc8.h>
/*
P2.5   SCLK   列
P2.4   RCLK   列
P2.3   SER    列   串行数据输入
P2.2   SCLK   行
P2.1   RCLK   行
P2.0   SER    行   串行数据输入
*/
sbit LSCLK = P2^5;                    //595 列 SCLK 数据输入时钟端
sbit LRCLK = P2^4;                    //595 列 RCLK 输出存储器锁存时钟端
sbit LDATA = P2^3;//low               //595 列串行数据输入
sbit HSCLK = P2^2;                    //595 行 SCLK 数据输入时钟端
```

```
sbit HRCLK = P2^1;                      //595 行 RCLK 输出存储器锁存时钟端
sbit HDATA = P2^0;//high                //595 行串行数据输入

void delay(unsigned int i)
{
  while(i--);
}
void HC595_Write_HData(unsigned int HD);  //写入行
void HC595_Write_LData(unsigned int LD);  //写入列
void HC595_Write_Dis();                  //将写入寄存器的数据输出到端口显示

void main()                              //主函数
{
  int i;
  P2=0x00;                               //初始化一下 P2 数据口
  while(1)
  {
    HC595_Write_HData(0x0001);           //行选位第一位
    HC595_Write_LData(0x7fff);           //列选行第一位
    HC595_Write_Dis();                   //显示
  }
}
void HC595_Write_HData(unsigned int HD)
{
  unsigned char i;
  unsigned int temp;
  temp=HD;
  for(i=0;i<16;i++)                      //一行 16 位 16 次循环
  {
    HSCLK=0;                             //HSCLK 低电平
    if(temp & 0x8000)                    //每一次把最高位取出写入 595 行串行数
                                           据输入
    {
      HDATA=1;
    }
    else
    {
```

```
            HDATA=0;
          }
        temp=temp<<1;
        HSCLK=0;                    //HSCLK 低电平,再写一遍防止未拉低,
                                      上升沿写入
        HSCLK=1;                    //HSCLK 高电平
      }
    }

void HC595_Write_LData(unsigned int LD)
{
    unsigned char i;
    unsigned int temp;
    temp=LD;
    for(i=0;i<16;i++)               //一列 16 位 16 次循环
    {
        LSCLK=0;                    //LSCLK 低电平
        if(temp & 0x0001)           //每一次把最高位取出写入 595 行串行数
                                      据输入
        {
          LDATA=1;
        }
        else
        {
          LDATA=0;
        }
        temp=temp>>1;
        LSCLK=0;                    //LSCLK 低电平,再写一遍防止未拉低,上
                                      升沿写入
        LSCLK=1;                    //LSCLK 高电平
    }
}
void HC595_Write_Dis()
{
    HRCLK=0;                        //RCK 数据写入上升沿
        LRCLK=0;
        delay(1);
```

```
    LRCLK = 1;
    HRCLK = 1;
}
```

3.程序调试

(1)下载程序:将程序下载到芯片中。

(2)调试程序:程序正常后显示效果如图 4-1-9 所示。

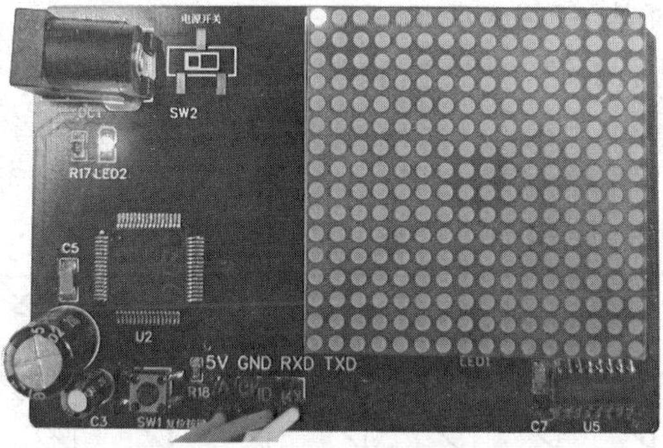

图 4-1-9　显示效果图

在这个任务中使用了一个 16×16 点阵,学会了设置端口的低电平来选择点阵的列,用端口的高电平来点亮点阵中的某一个点,知道点阵的结构和显示原理。

想一想

点阵单个点发光原理是什么?

做一做

通过单片机控制点阵让第 7 行第 8 列的点发光。

自评

项目内容	完成要求	分配分值/分	完成情况	自评分值
编写程序	程序结构正确	20		
	源程序正确	20		
调试程序	调试程序正确	20		
16×16 点阵显示一个点	程序结构正确	20		
	源程序正确	20		

知识探究

1.点阵 LED 扫描法介绍

LED 点阵一般采用扫描方式显示，实际运用分为 3 种方式：

(1)点扫描，让点阵上的点按顺序一个接一个地点亮。

(2)行扫描，先选择某一行，而后在列上送字模数据让点阵一行的点按要求亮或灭，就这样一行接一行地进行控制。

(3)列扫描，先选择某一列，而后在行上送字模数据让点阵一列的点按要求亮或灭，就这样一列接一列地进行控制。

注意扫描的时间间隔，主要是改变延时的长短，让显示的频率大于 100 Hz 即可。此外一次驱动一列或一行(8 颗 LED)时需外加驱动电路提高电流，否则 LED 亮度会不足。

8×8 内部原理图如 4-1-10 所示。

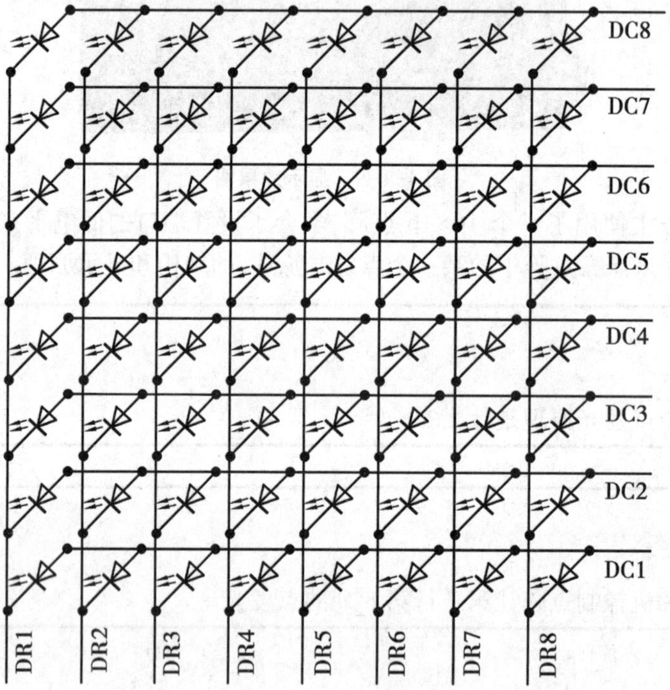

图 4-1-10 8×8 内部原理图

2.74HC595 芯片资料

(1)74HC595 是一个 8 位串行输入、并行输出的位移缓存器；并行输出为三态输出。在 SCK 的上升沿，串行数据由 SDL 输入到内部的 8 位位移缓存器，并由 Q7S 输出，而并行输出则是在 LCK 的上升沿将在 8 位位移缓存器的数据存入到 8 位并行输出缓存器。当串行数据输入端 OE 的控制信号为低使能时，并行输出端的输出值等于并行输出缓存器所存储的值。

(2)74HC595 内部结构图如图 4-1-11 所示。

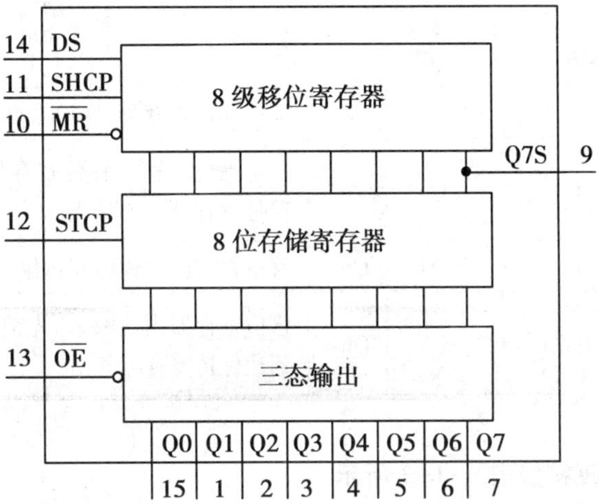

图 4-1-11　74HC595 内部结构图

(3)74HC595 引脚功能如表 4-1-1 所示。

表 4-1-1　74HC595 引脚功能

符　号	引　脚	描　述
Q0—Q7	第 15 脚,第 1-7 脚	8 位并行数据输出
GND	第 8 脚	地
Q7’	第 9 脚	串行数据输出
/MR	第 10 脚	主复位(低电平有效)
SH_CP	第 11 脚	数据输入时钟线
ST_CP	第 12 脚	输出存储器锁存时钟线
/OE	第 13 脚	输出有效(低电平有效)
DS	第 14 脚	串行数据输入
VCC	第 16 脚	电源

(4)74HC595 真值表如表 4-1-2 所示。

表 4-1-2　74HC595 真值表

输入					输出		功能
SHCP	STCP	OE	MR	DS	Q7’	Qn	
×	×	L	L	×	L	NC	MR 为低电平时仅仅影响移位寄存器
×	↑	L	L	×	L	L	清空移位寄存器到输出寄存器

续表

输入					输出		功能
SHCP	STCP	OE	MR	DS	Q7'	Qn	
×	×	H	L	×	L	Z	清空移位寄存器,并行输出为高阻状态
↑	×	L	H	H	Q6'	NC	逻辑高电平移入移位寄存器状态 0,包含所有的移位寄存器状态移入
×	↑	L	H	×	NC	Qn'	移位寄存器的内容到达保持寄存器并从并口输出
↑	↑	L	H	×	Q6'	Qn'	移位寄存器内容移入,先前的移位寄存器的内容到达保持寄存器并出

3.74HC595 位运算符如表 4-1-3 所示

表 4-1-3 74HC595 位运算符

运算符	意义	示例	对于每个位位置的结果(1=设定,0=清除)
&	位 AND	x&y	如果 x 和 y 都为 1,则得到 1;如果 x 或 y 任何一个为 0,或都为 0,则得到 0
|	位 OR	x|y	如果 x 或 y 为 1,或都为 1,则得到 1;如果 x 和 y 都为 0,则得到 0
^	位 XOR	x^y	如果 x 或 y 的值不同,则得到 1;如果两个值相同,则得到 0
~	位 NOT(I 的补码)	~x	如果 x 为 0,则得到 1,如果 x 是 1,则得到 0

表 4-1-4 所示演示了 C 语言中如何进行位运算。

表 4-1-4 C 语言中的位运算

表达式(或声明)	位模式
int a=5;	0···00101
int b=9;	0···01001
a&b	0···00001
a|b	0···01101
a^b	0···01100
~a	1···11010

学习领航

显示器发展史是随着科学技术的日趋高速发展,从贝尔德发明的第一台电视机开始,到黑白显示器，到彩色显示器，到 PDP 等离子、LCD 显示器，到最前沿的 OLCD。近年来伴随电子技术的发展，显示技术也飞速发展，现代显示器朝着高分辨率、大屏幕、节能化、高亮度等方面发展。

任务二 显示一个汉字

任务引入

前面对 16×16 点阵进行了学习，明白了点阵发光原理和控制原理，本任务我们用点阵来显示一个汉字，如图 4-2-1 所示就是显示汉字“爱”字的效果。

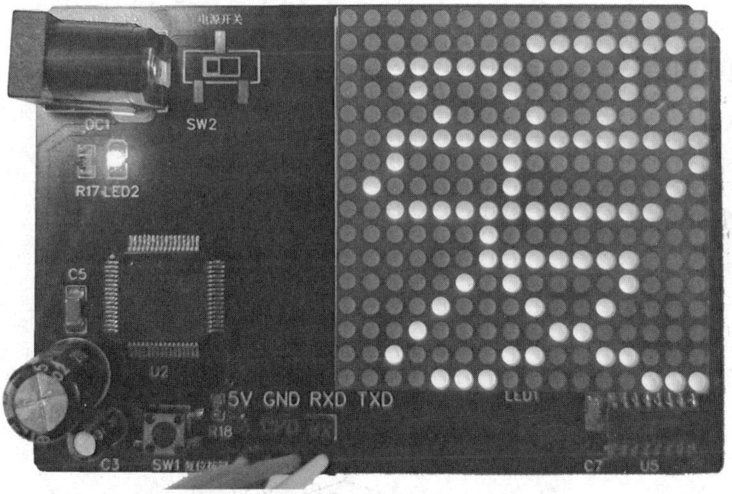

图 4-2-1 16×16 点阵显示“爱”字效果

任务要求

(1) 正确识读原理图；

(2) 正确安装电路；

(3) 正确编写程序；

(4) 点阵显示汉字“爱”。

准备工作

(1) 器材准备：点阵模块电路板一块。

(2) 工具准备：白色 A4 纸一张、作图工具一套、笔一支。

作业流程图

器材准备好后请按任务作业流程图 4-2-2 进行作业。

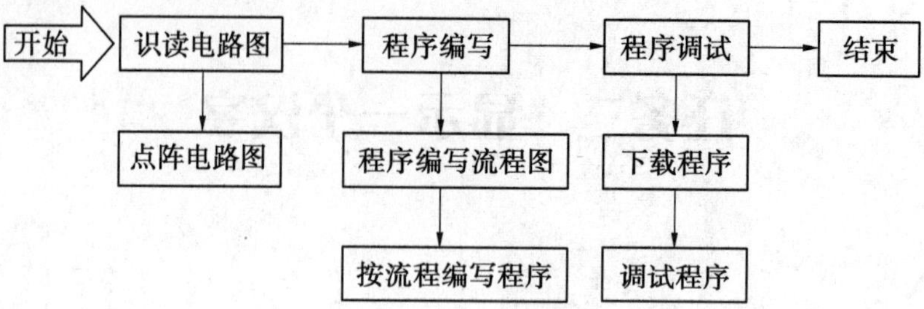

图 4-2-2 任务作业流程图

作业过程

1.识读电路图

16×16 点阵控制电路图与任务 1 电路图相同。

2.编写控制程序

(1)用 16×16 点阵显示一个“爱”字的任务按图 4-2-3 执行。

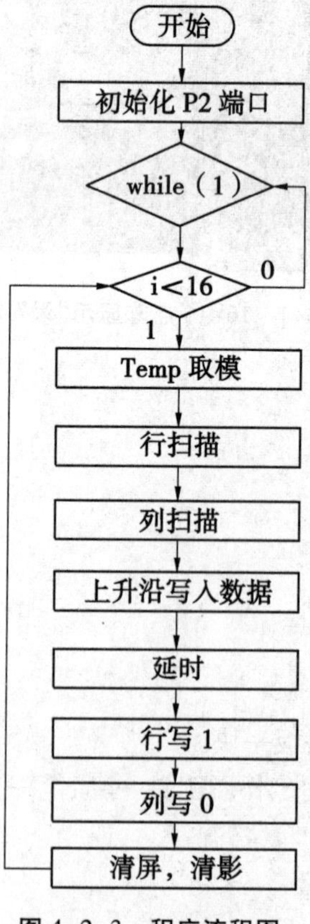

图 4-2-3 程序流程图

(2)源程序：

```
#include <stc8.h>
#icnlude "intrans.h"
/*
P2.5   SCLK   列
P2.4   RCLK   列
P2.3   SER    列  串行数据输入
P2.2   SCLK   行
P2.1   RCLK   行
P2.0   SER    行  串行数据输入
*/
sbit LSCLK = P2^5;                    //595 列 SCLK 数据输入时钟端
sbit LRCLK = P2^4;                    //595 列 RCLK 输出存储器锁存时钟端
sbit LDATA = P2^3;//low               //595 列串行数据输入
sbit HSCLK = P2^2;                    //595 行 SCLK 数据输入时钟端
sbit HRCLK = P2^1;                    //595 行 RCLK 输出存储器锁存时钟端
sbit HDATA = P2^0;//high              //595 行串行数据输入

//汉字取模 使用 C51 格式  阳码  逐行  顺向  16*16
unsigned char code shu[][32]={
0x00,0x08,0x01,0xFC,0x7E,0x10,0x22,0x10,0x11,0x20,0x7F,0xFE,0x42,0x02,
0x82,0x04,0x7F,0xF8,0x04,0x00,0x07,0xF0,0x0A,0x10,0x11,0x20,0x20,0xC0,0x43,
0x30,0x1C,0x0E
};/*"爱"*/

void delay(unsigned int a)            //延时函数
{
  _nop_();
  while(a--);
}
void HC595_Write_HData(unsigned int HD);  //写入行
void HC595_Write_LData(unsigned int LD);  //写入列
void HC595_Write_Dis();               //将写入寄存器的数据输出到端口显示

void main()                           //主函数
{
  int i,temp;
```

```
    P2=0x00;                                    //初始化一下 P2 数据口
    while(1)
    {
      for(i=0;i<16;i++)                         //循环一次显示一行,一共 16 行,使用行
                                                  扫描
      {
        temp=shu[0][i*2]*256+shu[0][i*2+1];     //把取模的数据第二位放在
                                                  刷新的高八位,第一位放
                                                  在第八位,两位加起来为
                                                  一行
        HC595_Write_HData(0x0001<<i);           //行扫描显示,每行扫描之后换行
        HC595_Write_LData(temp);                //列扫描显示,每列扫描后换行
        HC595_Write_Dis();                      //让 RCK 数据写入上升延进行显示
        delay(60);                              //延时
        HC595_Write_LData(1);                   //列写 1
        HC595_Write_HData(0);                   //行写 0
        HC595_Write_Dis();                      //进行清屏,防闪烁消影
      }
    }
}
void HC595_Write_HData(unsigned int HD)
{
    unsigned char i;
    unsigned int temp;
    temp=HD;
    for(i=0;i<16;i++)                           //一行 16 位 16 次循环
    {
      HSCLK=0;                                  //HSCLK 低电平
      if(temp & 0x8000)                         //每一次把最高位取出写入 595 行串行数
                                                  据输入
      {
        HDATA=1;
      }
      else
      {
        HDATA=0;
      }
```

```
    temp=temp<<1;
    HSCLK=0;                    //HSCLK 低电平,再写一遍防止未拉低,
                                  上升沿写入
    HSCLK=1;                    //HSCLK 高电平
  }
}

void HC595_Write_LData(unsigned int LD)
{
  unsigned char i;
  unsigned int temp;
  temp=LD;
  for(i=0;i<16;i++)             //一列 16 位 16 次循环
  {
    LSCLK=0;                    //LSCLK 低电平
    if(temp & 0x0001)           //每一次把最低位取出写入 595 行串行数
                                  据输入
    {
      LDATA=1;
    }
    else
    {
      LDATA=0;
    }
    temp=temp>>1;
    LSCLK=0;                    //LSCLK 低电平,再写一遍防止未拉低,上
                                  升沿写入
    LSCLK=1;                    //LSCLK 高电平
  }
}
void HC595_Write_Dis()
{
    HRCLK=0;                    //RCK 数据写入上升沿
    LRCLK=0;
    delay(1);
    LRCLK=1;
    HRCLK=1;
}
```

3.程序调试

(1)下载程序:将程序下载到芯片中。

(2)调试程序:程序正常后效果如图 4-2-4 所示。

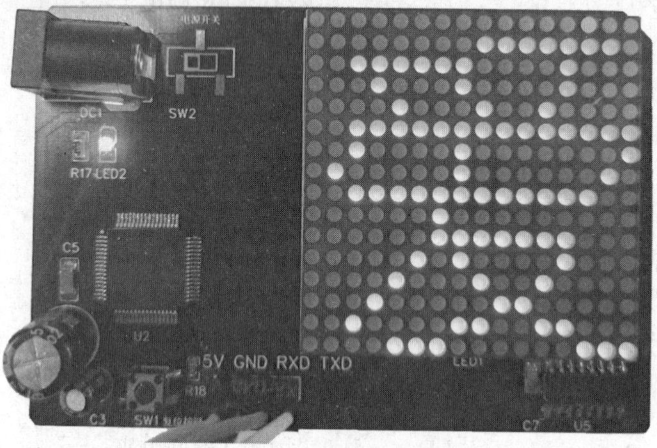

图 4-2-4 程序效果图

学会了对汉字取模,明白了怎么对字符进行编码,单片机读取编码控制点阵显示汉字。

想一想

16×16 点阵显示汉字的原理是什么?

做一做

控制 16×16 点阵显示一个"庆"字。

自评

项目内容	完成要求	分配分值/分	完成情况	自评分值
编写程序	程序结构正确	20		
	源程序正确	20		
调试程序	调试程序正确	20		
显示"爱"字效果	程序结构正确	20		
	源程序正确	20		

知识探究

1.汉字取模

取模主要对字符的编码，即把字符转化为字节数组，程序调用数组控制输出，点阵行列高低电平变化，各个像素点亮灭变化，就能把汉字显示在屏幕上。

2.字符编码原理

备注：

(1)白格子表示像素没有上色，用0表示该位。

(2)黑格子表示像素上色，用1表示该位。

请看图4-2-5：显示汉字“爱”，每一小格表示一个像素，显示“爱”字一共用了16×16个像素，如果每个像素用1位二进制表示，那么一共用16×16/8=32个字节表示一个字符。如果像素是从左到右、从上到下的方式扫描的，那么

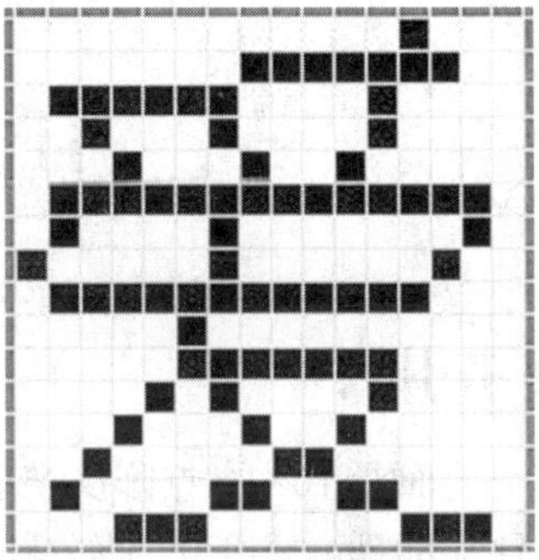

图4-2-5 点阵“爱”字编码图

第一行第一个字节是0x00，第二个字节是0x08；

第二行第一个字节是0x01，第二个字节是0xfc；

第三行第一个字节是0x7e，第二个字节是0x10；依次类推。

那么我们就会得到这样一个字节数组：unsigned chartab[ ] =

{0x00,0x08,0x01,0xFC,0x7E,0x10,0x22,0x10,0x11,0x20,0x7F,0xFE,0x42,0x02,0x82,0x04,0x7F,0xF8,0x04,0x00,0x07,0xF0,0x0A,0x10,0x11,0x20,0x20,0xC0,0x43,0x30,0x1C,0x0E}；//”爱”

这个字节数组就是对各种字符取模的结果，把所有字符拆成一个字节数组，大小为32个字节。

3.汉字取模软件的使用

“爱”字取模效果如图4-2-6所示。

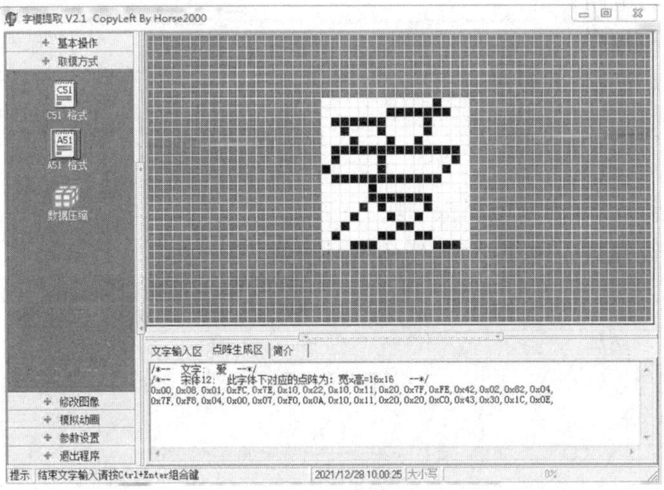

图4-2-6 “爱”字取模效果图

学习领航

汉字是历史上最古老的文字之一,也是至今通行的世界上最古老的文字。文字的发展经过了甲骨文、金文、大篆、小篆、隶书、草书、楷书、行书等书体演变。汉字的显示由多种古老的方式转换到屏幕上来,也有其非常重大的意义。

任务三　显示多个汉字

任务引入

前面对 16×16 点阵汉字取模进行了学习,能静态显示一个汉字,现实应用场景显示汉字往往都是内容变化、动态显示、滚屏的方式,这节内容我们用 16×16 点阵以循环滚屏的方式来显示多个汉字“我爱单片机”。部分汉字显示效果如图 4-3-1 所示。

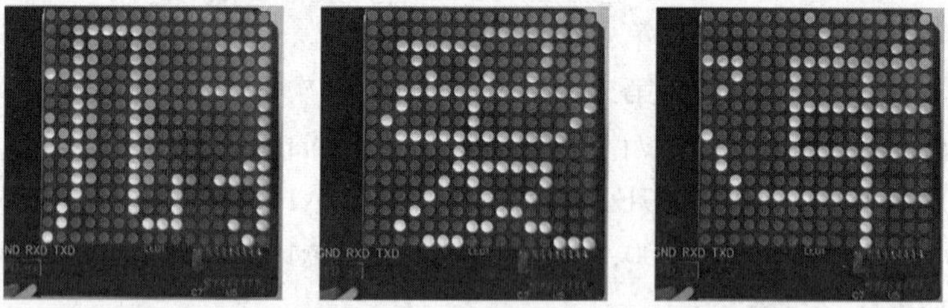

图 4-3-1　16×16 点阵显示“我爱单片机”字部分效果图

任务要求

(1)正确识读原理图;

(2)正确安装电路;

(3)正确编写程序;

(4)点阵循环显示“我爱单片机”。

准备工作

(1)器材准备:点阵模块电路板一块。

(2)工具准备:白色 A4 纸一张、作图工具一套、笔一支。

作业流程图

器材准备好后请按图 4-3-2 进行作业。

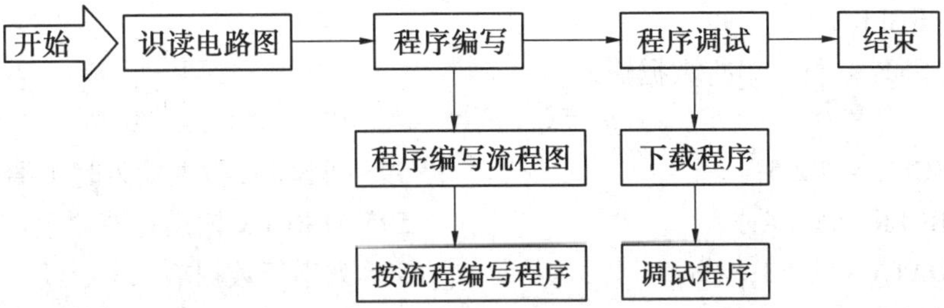

图 4-3-2　任务作业流程图

作业过程

1.识读电路图

16×16 点阵控制电路图同任务一内容。

2.编写控制程序

(1) 16×16 点阵显示一个“我爱单片机”的任务按图 4-3-3 所示流程执行程序。

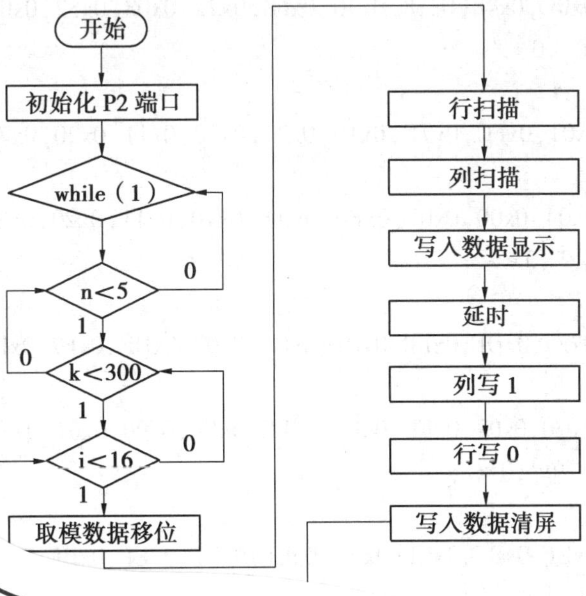

SCLK　列

```
P2.4  RCLK  列
P2.3  SER   列  串行数据输入
P2.2  SCLK  行
P2.1  RCLK  行
P2.0  SER   行  串行数据输入
*/
sbit LSCLK = P2^5;                //595 列 SCLK 数据输入时钟端
sbit LRCLK = P2^4;                //595 列 RCLK 输出存储器锁存时钟端
sbit LDATA = P2^3;//low           //595 列串行数据输入
sbit HSCLK = P2^2;                //595 行 SCLK 数据输入时钟端
sbit HRCLK = P2^1;                //595 行 RCLK 输出存储器锁存时钟端
sbit HDATA = P2^0;//high          //595 行串行数据输入

//汉字取模,使用 C51 格式,阳码,逐行,顺向,16*16
unsigned char code shu[6][32]={
0x04,0x40,0x0E,0x50,0x78,0x48,0x08,0x48,0x08,0x40,0xFF,0xFE,0x08,0x40,
0x08,0x44,
0x0A,0x44,0x0C,0x48,0x18,0x30,0x68,0x22,0x08,0x52,0x08,0x8A,0x2B,0x06,
0x10,0x02,/*"我",0*/

0x00,0x08,0x01,0xFC,0x7E,0x10,0x22,0x10,0x11,0x20,0x7F,0xFE,0x42,0x02,
0x82,0x04,
0x7F,0xF8,0x04,0x00,0x07,0xF0,0x0A,0x10,0x11,0x20,0x20,0xC0,0x43,0x30,
0x1C,0x0E,/*"爱",0*/

0xEF,0xEF,0xF7,0xDF,0xFB,0xBF,0xC0,0x07,0xDE,0xF7,0xDE,0xF7,0xC0,0x07,
0xDE,0xF7,
0xDE,0xF7,0xC0,0x07,0xFE,0xFF,0xFE,0xFF,0x00,0x01,0xFE,0xFF,0xFE,0xFF,
0xFE,0xFF,/*"  单",0*/

0xFF,0xBF,0xEF,0xBF,0xEF,0xBF,0xEF,0xBF,0xEF,0xBF,0xE0,0x03,0xEF,0xFF,
0xEF,0xFF,
0xEF,0xFF,0xE0,0x1F,0xEF,0xDF,0xEF,0xDF,0xEF,0xDF,0xDF,0xDF,0xDF,
0xDF,0xBF,0xDF,/*"  片",1*/

0xEF,0xFF,0xEE,0x0F,0xEE,0xEF,0xEE,0xEF,0x02,0xEF,0xEE,0xEF,0xCE,
0xEF,0xC6,0xEF,
```

```
0xAA,0xEF,0xAA,0xEF,0x6E,0xEF,0xEE,0xED,0xEE,0xED,0xED,0xED,0xED,
0xF1,0xEB,0xFF,/*"  机",2*/
};

void delay(unsigned int a)                 //延时函数
{
  while(a--);
}
void HC595_Write_HData(unsigned int HD);   //写入行
void HC595_Write_LData(unsigned int LD);   //写入列
void HC595_Write_Dis();                    //将写入寄存器的数据输出到端口显示

void main()                                //主函数
{
  int i,n,temp,k;
  P2=0x00;                                 //初始化一下 P2 数据口
  while(1)
  {
    for(n=0;n<5;n++)                       //五个字循环显示
    {
      for(k=0;k<300;k++)                   //让同一个字显示 100 次
      {
        for(i=0;i<16;i++)                  //循环一次显示一行,一共 16 行,使用行
                                             扫描
        {
        temp=shu[n][i*2]*256+shu[n][i*2+1];  //把取模的数据第二位放
                                               在刷新的高八位,第一
                                               位放在第八位,两位加
                                               起来为一行
        HC595_Write_HData(0x0001<<i);      //行扫描显示,每行扫描之后换行
        HC595_Write_LData((temp));         //列扫描显示,每列扫描后换行
        HC595_Write_Dis();                 //让 RCK 数据写入上升沿进行显示
        delay(60);                         //延时
        HC595_Write_LData(1);              //列写 1
        HC595_Write_HData(0);              //行写 0
        HC595_Write_Dis();                 //进行清屏,防闪烁消影
        }
      }
```

```
        }
    }
}
void HC595_Write_HData(unsigned int HD)
{
    unsigned char i;
    unsigned int temp;
    temp=HD;
    for(i=0;i<16;i++)                    //一行 16 位 16 次循环
    {
        HSCLK=0;                         //HSCLK 低电平
        if(temp & 0x8000)                //每一次把最高位取出写入 595 行串行数
                                           据输入
        {
            HDATA=1;
        }
        else
        {
            HDATA=0;
        }
        temp=temp<<1;
        HSCLK=0;                         //HSCLK 低电平,再写一遍防止未拉低,
                                           上升沿写入
        HSCLK=1;                         //HSCLK 高电平
    }
}
void HC595_Write_LData(unsigned int LD)
{
    unsigned char i;
    unsigned int temp;
    temp=LD;
    for(i=0;i<16;i++)                    //一列 16 位 16 次循环
    {
        LSCLK=0;                         //LSCLK 低电平
        if(temp & 0x0001)                //每一次把最低位取出写入 595 行串行数
                                           据输入
```

```
            {
              LDATA=1;
            }
            else
            {
              LDATA=0;
            }
            temp=temp>>1;
            LSCLK=0;                        //LSCLK 低电平,再写一遍防止未拉低,上
                                              升沿写入
            LSCLK=1;                        //LSCLK 高电平
        }
    }
void HC595_Write_Dis()
{
  HRCLK=0;          //RCK 数据写入上升沿
    LRCLK=0;
    delay(1);
    LRCLK=1;
    HRCLK=1;
}
```

3.程序调试

(1)下载程序:将程序下载到芯片中。

(2)调试程序:程序正常后效果如图 4-3-4 所示。

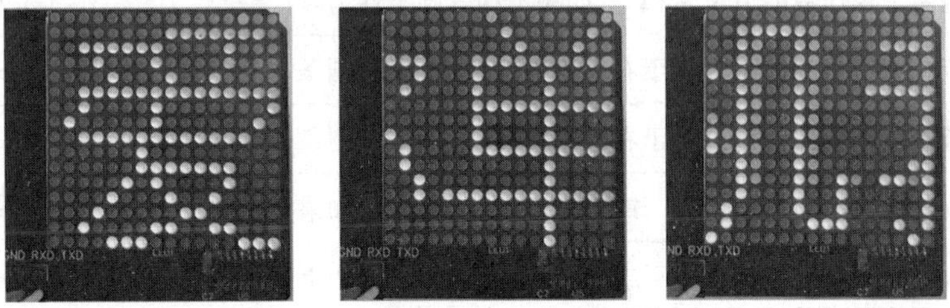

图 4-3-4　显示效果图

点阵循环显示汉字,增加了显示的内容量,显示更灵活,实用性更强。

想一想

16×16 点阵循环显示的控制原理是什么?

做一做

控制 16×16 点阵向右滚动显示“重庆欢迎您!”。

自评

项目内容	完成要求	分配分值/分	完成情况	自评分值
编写程序	程序结构正确	20		
	源程序正确	20		
调试程序	调试程序正确	20		
滚屏显示“我爱单片机”字效果	程序结构正确	20		
	源程序正确	20		

知识探究

关系运算符

关系运算符如表 4-3-1 所示。在使用关系运算符时,它的两边都会有一个表达式,比如变量、数值、加减乘除运算等,关系运算符的作用就是判明这两个表达式的大小关系。

表 4-3-1 关系运算符

运算符	描 述	实 例
= =	检查两个操作数的值是否相等,如果相等则条件为真	(A = = B)为假
！ =	检查两个操作数的值是否相等,如果不相等则条件为真	(A ！ = B)为真
>	检查左操作数的值是否大于右操作数的值,如果是则条件为真	(A > B)为假
<	检查左操作数的值是否小于右操作数的值,如果是则条件为真	(A < B)为真
>=	检查左操作数的值是否大于或等于右操作数的值,如果是则条件为真	(A >= B)为假
<=	检查左操作数的值是否小于或等于右操作数的值,如果是则条件为真	(A <= B)为真

学习领航

科学技术是第一生产力,是先进生产力的重要标志,是人类社会的一种特殊的社会现象和社会活动。科学技术作为工具和物质手段改变了人类的生产方式和生活方式,它作为现代社会发展最强大的推动力量改变着社会结构、塑造着人类的形象、变换着世界的政治格局。当代社会,科学技术对社会经济、文化、生活方式的影响主体是积极的、正面的。

学习检测

一、填空题

1.74HC595 内部结构主要由______________、______________、______________组成。

2.int a=16,b=1;a&b 的值________________,a|b=的值________________。

3.点阵扫描方式分为________________和________________。

```
#include <stdio.h>
int main()
{
   int a = 125;
   int b = 2550
   int m=b/100;
   int n=a%10;
   printf("m=%d, n=%d\n", m, n);
   return 0;
}
```

输出结果:m=________,n=__________。

二、作图题

1.请画出 74HC595 内部结构图。

2.请画出操作题第 5 题的程序流程图。

三、操作题

1.点亮 16×16 点阵第 10 行 9 列的点。

2.控制 16×16 点阵以行扫的方式,控制一个点,从第 1 行第 1 列开始跑码到第 16 行第 16 列的点。

3.控制 16×16 点阵,以 1 s 的速度整行跑码,如:先亮第一行 16 个点,1 s 后亮第二行 16 个点,同时第一行 16 个点全部熄灭,依次类推。

4.控制 16×16 点阵显示"国"字向左循环移动。

5.控制 16×16 点阵右移滚动显示四个汉字"我爱中国"。

项目五

智能窗帘

现在对步进电机的控制随处可见，如3D打印机、智能窗帘等。其实这些应用的关键都是对步进电机的控制，如图5-0-1所示。

（a）3D打印机

（b）智能窗帘

图5-0-1　步进电机使用效果图

前面我们已经学习了单片机的定时器，对端口进行输入、输出操作等知识，下面来学习怎样用单片机来进行智能窗帘的控制。

【知识目标】

（1）熟悉步进电机的控制方法。
（2）熟悉LCD1602的操作方法。
（3）掌握I2C协议通信的方法。

【能力目标】

（1）会编程控制步进电机正转、反转及控制步进电机运行速度。
（2）能通过编程让LCD1602显示字符和数字。
（3）能使用I2C总线获取光照度的值。

【情感态度】

（1）培养乐于表达和交流及能根据现象探究科学的态度。
（2）体会在探究学习中合作的必要性和重要性。
（3）通过阅兵仪式树立学生爱国热情。

任务一 步进电机的控制

任务引入

学习对硬件进行编程，首先要先学习一下硬件工作原理，了解原理后我们才能正确地驱动硬件。步进电机的控制需要有驱动电路，在此我们采用的是 4 线 4 拍的步进电机驱动，步进电机驱动效果如图 5-1-1 所示。

图 5-1-1 步进电机驱动效果图

任务要求

(1)了解步进电机驱动的方式；

(2)能实现步机电机的正转、反转、调速功能。

准备工作

(1)器材准备：计算机一台(奔腾级以上的家用计算机即可)、智能窗帘控制板一块。

(2)工具准备：Keil C 软件 C51v960a 版本软件。

作业流程图

器材准备好后请按图 5-1-2 进行作业。

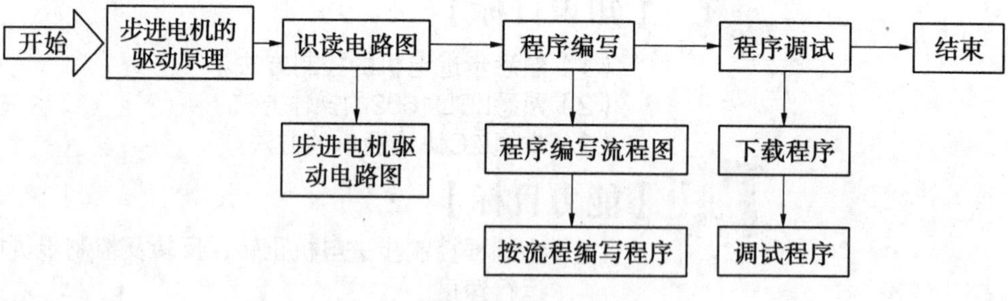

图 5-1-2 任务作业流程图

作业过程

1.步进电机的驱动原理

本次在实验中使用的是步进电机。步进电机可以使用 4 线 4 拍来进行驱动，步进电机接线如图 5-1-3 所示。

4 线 4 拍的步进电机的驱动需要按顺序依次给每个线圈通电，按线号顺序从 1 号到 4 号线分别给低电平步进电机正转；从 4 号到 1 号线分别给低电平步进电机反转。

2.识读电路图

在实验中采用 4 线 4 拍来驱动步进电机，其中步进电机的 5 号线接 5 V 电源，1 号线到 4 号线分别接 ULN2003 的输出端，步进电机驱动电路图如图 5-1-4 所示。

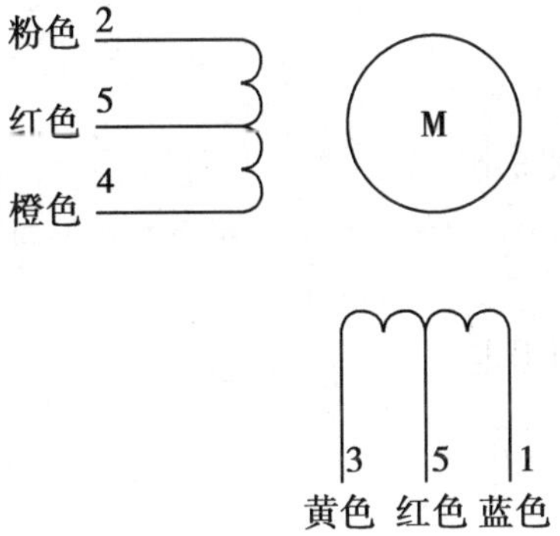

图 5-1-3　步进电机接线图

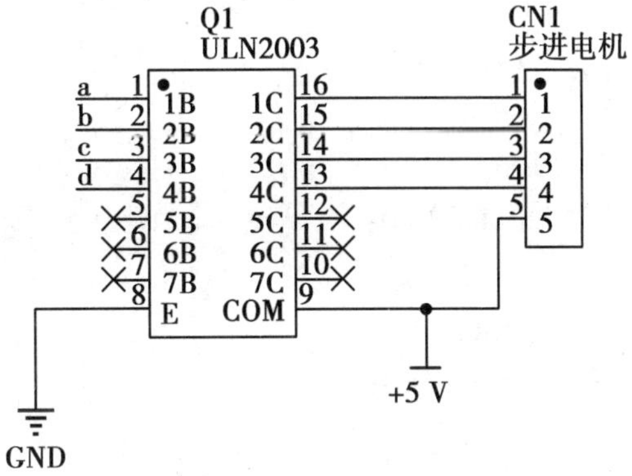

图 5-1-4　步进电机驱动电路图

3.编写控制程序

(1)步进电机正转的流程执行程序，如图 5-1-5 所示。

步进电机反转的控制，将通电时的顺序进行逆序就可以达到控制的目的。

步进电机的调速可以通过改变每步之间的延时就可以达到控制的目的。

注意：延时不能太小，否则硬件会不能运转，长时间会烧坏步进电机。

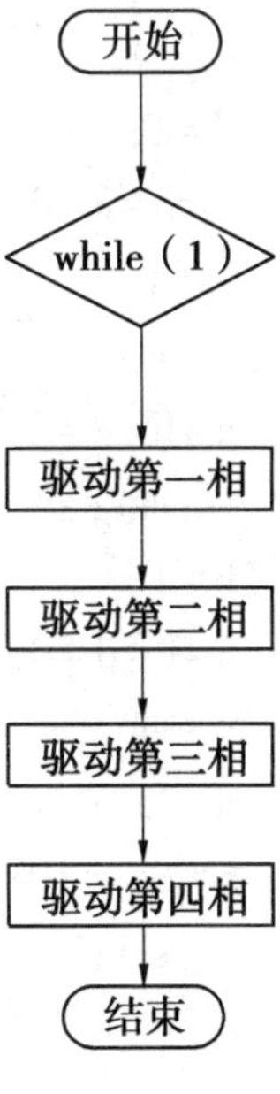

图 5-1-5　程序流程图

(2)源程序：

```
#include"stc8.h"
sbit a=P2^3;
sbit b=P2^2;
sbit c=P2^1;
sbit d=P2^0;
void ys(unsigned int i)                    //延时函数
{
  while(i--);
}

void bj(unsigned char flag,unsigned int sj) //步进电机函数
{
```

```
    if(flag)
    {
      a=1;                             //第一相得电
      b=c=d=0;
      ys(sj);                          //延时
      b=1;                             //第二相得电
      a=c=d=0;
      ys(sj);
      c=1;                             //第三相得电
      a=b=d=0;
      ys(sj);
      d=1;                             //第四相得电
      a=b=c=0;
      ys(sj);
    }
    else
    {
      d=1;
      a=b=c=0;
      ys(sj);
      c=1;
      a=b=d=0;
      ys(sj);
      b=1;
      a=c=d=0;
      ys(sj);
      a=1;
      b=c=d=0;
      ys(sj);
    }
}
void main()                            //主函数
{
  while(1)                             //死循环
  {
    bj(1,6000);                        //调用步进电机函数,第一位参数表示步
                                         进电机正转,第二个参数表示每个线图
```

```
                        通电时间为 6 ms
    }
}
```

4.程序调试

(1)下载程序:将程序下载到芯片中。

(2)调试程序:程序正常后效果如图 5-1-6 所示。

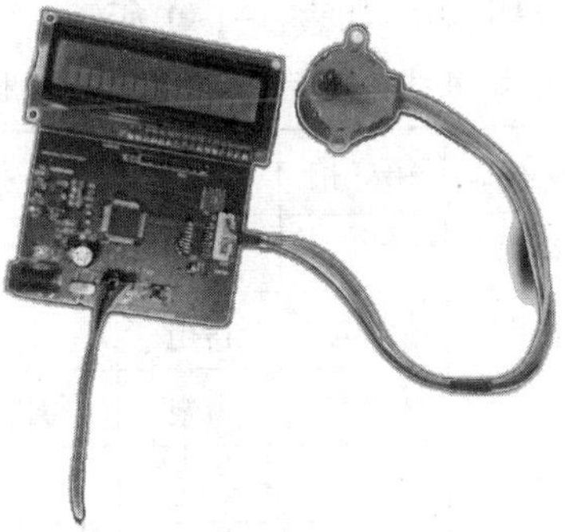

图 5-1-6　程序效果图

在这个任务中学会步进电机的正、反转、速度控制。

想一想

怎样才能改变步进电机的转速?

做一做

将步进电机的控制改为 4 线 8 拍,再来试一试。

自评

项目内容	完成要求	分配分值/分	完成情况	自评分值
编写程序	程序结构正确	20		
调试程序	调试程序正确	20		
步进电机正转	源程序正确	20		
步进电机反转	源程序正确	20		
步进电机调速	源程序正确	20		

知识探究

步进电机 4 线 8 拍的驱动方法

步进电机的驱动还可以使用 4 线 8 拍来进行驱动。两种驱动的差别是 4 线 4 拍每步转动的角度比 4 线 8 拍转动的角度大,但驱动能力比它小。在实际使用中需要根据需要来进行选择。

4 线 8 拍驱动线每个线圈得电顺序如表 5-1-1 所示。

表 5-1-1 4 线 8 拍步进电机线圈得电顺序表

		第 1 拍	第 2 拍	第 3 拍	第 4 拍	第 5 拍	第 6 拍	第 7 拍	第 8 拍
正转	1 号线圈	得电	得电						得电
	2 号线圈		得电	得电	得电				
	3 号线圈				得电	得电	得电		
	4 号线圈						得电	得电	得电
反转	1 号线圈						得电	得电	得电
	2 号线圈				得电	得电	得电		
	3 号线圈		得电	得电	得电				
	4 号线圈	得电	得电						得电

学习领航

步进电机需要一个脉冲转动才能一个角度,真是"一步一个脚印"。对航天人,习近平总书记说,一步一个脚印开启星际探测新征程。人类探索太空的步伐永无止境。希望你们大力弘扬追逐梦想、勇于探索、协同攻坚、合作共赢的探月精神,一步一个脚印开启星际探测新征程,为建设航天强国、实现中华民族伟大复兴再立新功,为人类和平利用太空、推动构建人类命运共同体作出更大的开拓性贡献。

任务二 LCD1602 显示步进电机的状态

任务引入

在上一个任务中我们学会了步进电机的控制,直接观看步进电机的运动比较麻烦,特别是当步进电机安装在设置中以后直接观察步进电机的状态就更困难。在这种情况之下我们可以使用 LCD1602 来显示步进电机的状态,如图 5-2-1所示。下面就来看看

LCD1602 的程序是怎样写的，怎样来显示步进电机的状态。

图 5-2-1　LCD1602 显示步进电机状态图

任务要求

（1）会读 LCD1602 说明文档；

（2）能正确进行 LCD1602 显示字母和数字。

准备工作

（1）器材准备：计算机一台（奔腾级以上的家用计算机即可）、智能窗帘控制板一块。

（2）工具准备：Keil C 软件 C51v960a 版本软件。

作业流程图

器材准备好后请按图 5-2-2 进行作业。

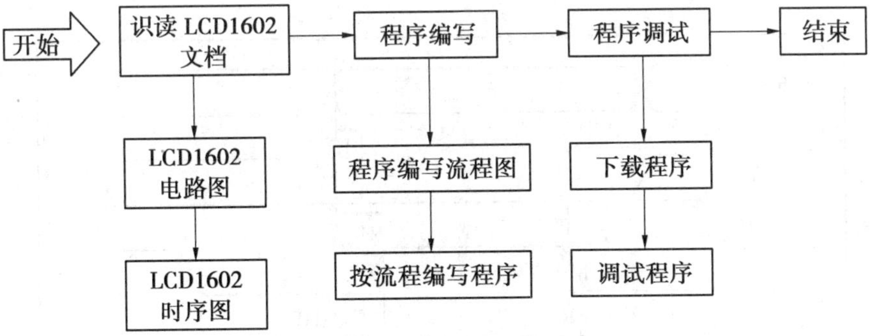

图 5-2-2　任务作业流程图

作业过程

1.识读 LCD1602 电路图

LCD1602 是一种常见的液晶显示器件，其电路图如图 5-2-3 所示。其中 4 脚是指示当前数据口上的数据是命令还是数据选择引脚，5 脚是 LCD1602 读数据和写数据选择引脚，6 脚是 LCD1602 的使能脚。D0 到 D7 是 LCD1602 的数据引脚。

2.LCD1602 时序分析

1）分析 LCD1602 写操作时序

RS 为高时表示 D0~D7 输出数据，RS 为低时表示当前 D0~D7 输出命令，R/W 为低表示写操作，E 使能端高电平有效，时序图如图5-2-4所示。具体操作顺序为先输出 RS，再输出 R/W，再输出数据，最后控制使能端先高后低。

2）分析 LCD1602 读操作时序

读操作时，数据从 LCD1602 传输给单片机。RS 为高时表示 D0～D7 为输入数据，R/W 为高时表示当前进行读操作，E 使能端高电平有效，时序图如图 5-2-5 所示。具体操作顺序为先输出 RS，再输出 R/W，控制使能端先低后高，在读取输入数据，最后控制使能端为低电平。

3）LCD1602 常用指令介绍

LCD1602 常用的指令有设置显示模式，显示开关，清屏指令等，具体内容如表 5-2-1 所示。

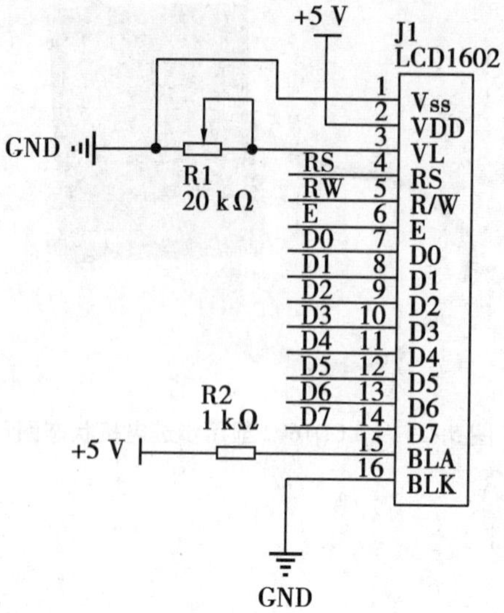

图 5-2-3　LCD1602 电路图

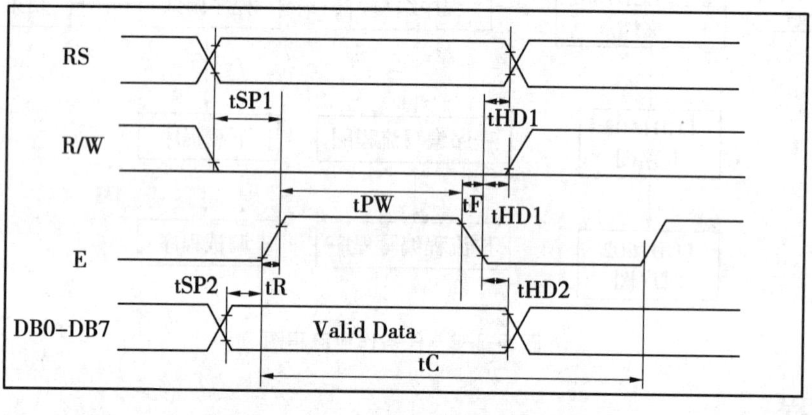

图 5-2-4　LCD1602 写操作时序图

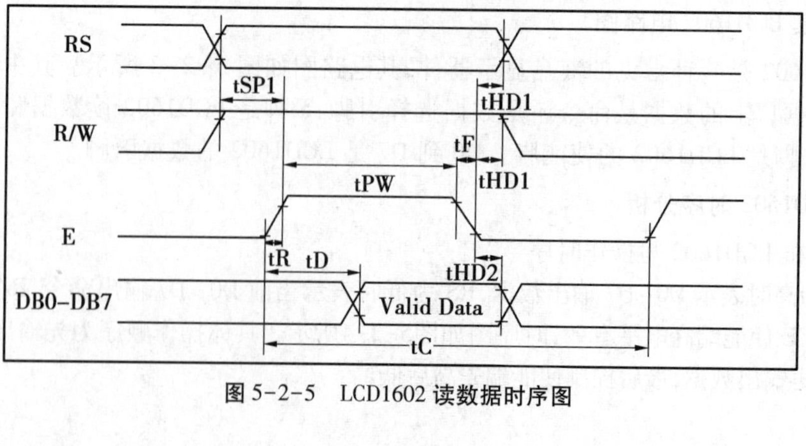

图 5-2-5　LCD1602 读数据时序图

表 5-2-1　LCD1602 常用指令

功能	指令码								功能说明
	D7	D6	D5	D4	D3	D2	D1	D0	
显示模式设置	0	0	1	1	1	0	0	0	设置显示模式为 16 字符 2 行，每个字符点阵为 5 列 7 行，使用 8 位数据接口
显示开/关，光标设置	0	0	0	0	1	0	0	0	关闭显示
	0	0	0	0	0	1	1	0	读或写一个字符后地址指针加一
	0	0	0	0	1	1	0	0	开显示，无光标
清屏	0	0	0	0	0	0	0	1	显示清屏，数据指针清零，所有显示清零

4）LCD1602 初始化

LCD1602 初始化，根据硬件手册上的说明应按以上顺序进行。

延时
写指令 38H
延时
写指令 38H
延时
写指令 38H
延时
写指令 38H
写指令 08H
写指令 01H
写指令 06H
延时
写指令 0CH

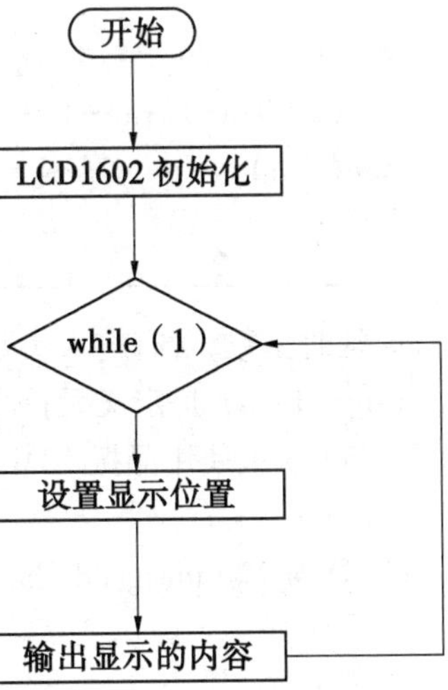

图 5-2-6　程序流程图

3.程序编写

（1）程序流程如图 5-2-6 所示。

（2）源程序：

```
#include<reg52.h>          //包含头文件，一般情况不需要改动，头文件包含特殊功能寄存器的定义

#include<intrins.h>
sbit RS = P2^4;            //定义端口
sbit RW = P2^5;
sbit EN = P2^6;
```

```
#define RS_CLR RS=0                     //宏定义
#define RS_SET RS=1
#define RW_CLR RW=0
#define RW_SET RW=1
#define EN_CLR EN=0
#define EN_SET EN=1
#define DataPort P0
/*--------------------------------------------------
Us 延时函数,含有输入参数 unsigned char t,无返回值
unsigned char 是定义无符号字符变量,其值的范围是
0~255 这里使用晶振 12M,精确延时请使用汇编,大致延时
长度如下 T=tx2+5 μs
--------------------------------------------------*/
void DelayUs2x(unsigned char t)
{
  int a;
  for(a=0;a<12;a++)
while(--t);
}
/*--------------------------------------------------
Ms 延时函数,含有输入参数 unsigned char t,无返回值
unsigned char 是定义无符号字符变量,其值的范围是
0~255 这里使用晶振 12M,精确延时请使用汇编
--------------------------------------------------*/
void DelayMs(unsigned char t)
{
    int a;
  for(a=0;a<12;a++)
while(t--)
{
  //大致延时 1 ms
  DelayUs2x(245);
  DelayUs2x(245);
}
}
```

```
/*-----------------------------------------------
              判忙函数
------------------------------------------------*/
bit LCD_Check_Busy(void)
{
DataPort= 0xFF;
RS_CLR;
RW_SET;
EN_CLR;
_nop_();
EN_SET;
return (bit)(DataPort & 0x80);
}
/*-----------------------------------------------
              写入命令函数
------------------------------------------------*/
void LCD_Write_Com(unsigned char com)
{
// while(LCD_Check_Busy()); //忙则等待
DelayMs(5);
RS_CLR;
RW_CLR;
EN_SET;
DataPort= com;
_nop_();
EN_CLR;
}
/*-----------------------------------------------
              写入数据函数
------------------------------------------------*/
void LCD_Write_Data(unsigned char Data)
{
//while(LCD_Check_Busy()); //忙则等待
DelayMs(5);
RS_SET;
RW_CLR;
EN_SET;
```

```
DataPort = Data;
_nop_();
EN_CLR;
}

/*--------------------------------------------------
                清屏函数
--------------------------------------------------*/
void LCD_Clear(void)
{
LCD_Write_Com(0x01);
DelayMs(5);
}
/*--------------------------------------------------
              写入字符串函数
--------------------------------------------------*/
void LCD_Write_String(unsigned char x,unsigned char y,unsigned char *s)
{
if (y == 0)
  {
  LCD_Write_Com(0x80 + x);
  }
else
  {
  LCD_Write_Com(0xC0 + x);
  }
while (*s)
  {
LCD_Write_Data(*s);
s ++;
  }
}
/*--------------------------------------------------
              写入字符函数
--------------------------------------------------*/
void LCD_Write_Char(unsigned char x,unsigned char y,unsigned char Data)
```

```
{
if (y == 0)
  {
  LCD_Write_Com(0x80 + x);
  }
else
  {
  LCD_Write_Com(0xC0 + x);
  }
LCD_Write_Data( Data);
}
/*-----------------------------------------------
              初始化函数
-----------------------------------------------*/
void LCD_Init(void)
{
   LCD_Write_Com(0x38);      /*显示模式设置*/
   DelayMs(5);
   LCD_Write_Com(0x38);
   DelayMs(5);
   LCD_Write_Com(0x38);
   DelayMs(5);
   LCD_Write_Com(0x38);
   LCD_Write_Com(0x08);      /*显示关闭*/
   LCD_Write_Com(0x01);      /*显示清屏*/
   LCD_Write_Com(0x06);      /*显示光标移动设置*/
   DelayMs(5);
   LCD_Write_Com(0x0C);      /*显示开及光标设置*/
   }

/*-----------------------------------------------
                    主函数
-----------------------------------------------*/
void main(void)
{
unsigned char i;
unsigned char *p;
```

```
LCD_Init();

while (1)
  {
  i = 1;
  p = "dianji:On";
  LCD_Clear();
  LCD_Write_String(2,0,"dianji:Off");
  DelayMs(250);
  while (*p)
    {
    LCD_Write_Char(i,1,*p);
    i++;
    p++;
    DelayMs(250);
    }
  DelayMs(250);
  }
}
```

(3)编译下载程序。将程序编译下载到实验板上,显示效果如图 5-2-7 所示。

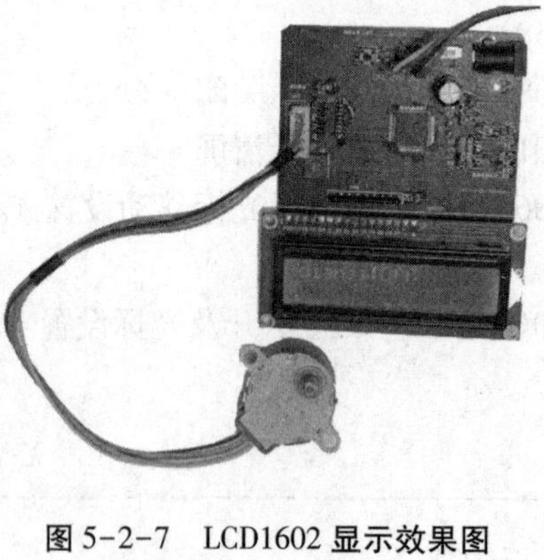

图 5-2-7　LCD1602 显示效果图

想一想

如果需要修改显示内容应该在哪里修改?

做一做

将显示内容改为你的姓名拼单,并在 LCD1602 上显示。

自评

项目内容	完成要求	分配分值/分	完成情况	自评分值
编写程序	程序结构正确	20		
调试程序	调试程序正确	20		
显示电机状态字符	源程序正确	30		
显示姓名拼音字符	源程序正确	30		

知识探究

1.LCD1602 自定义字符取模

LCD1602 内部有 CGROM 可以存放 8 个自定义字符,CGROM 每个字符的首地址为 0X40,0X48,0X50,0X58,0X60,0X68,0X70,0X78。使用 5 * 7 字符最左 3 位和最后一行的数据没用的通常置 0。如显示汉字“日”在图 5-2-8 中需要显示的位为 1,不需要显示的位为 0。

			1	1	1	1	1
			1				1
			1				1
			1	1	1	1	1
			1				1
			1				1
			1	1	1	1	1

图 5-2-8　自定义符号取模

“日”字在 LCD1602 中存放的字模数据为

{0X1f,0X11,0X11,0X1f,0X11,0X11,0X1f}。

2.LCD1602 字模数据存入

将取好字模的数据依次存入 CGROM 地地址 0X40~0XF7 中,即完成了第一个自定义字符存字模工作。

3.调用 CGROM 内容的字模

在需要使用自定义字模时只需要给 0X00 即可显示汉字“日”。显示自定义字符与 CGROM 地址对应关系如表 5-2-2 所示。

表 5-2-2　CGROM 地址与自定义字符关系表

第几个自定义字符	CGROM 地址首位	调用自定义字符的数据	第几个自定义字符	CGROM 地址首位	调用自定义字符的数据
0	0X40	0X00	4	0X60	0X04
1	0X48	0X01	5	0X68	0X05
2	0X50	0X02	6	0X70	0X06
3	0X58	0X03	7	0X78	0X07

4.LCD1602 显示自定义符号关键程序

将自定义字符的字模存入 CGROM 中的程序如下所示。

```
for(i=0;i<8;i++)
{
  LCD_Write_Com(0X40+i);          //0X40 表示存入的是第一个自定义字符
                                    的字模
  LCD_Write_Data(tab[i]);         //tab 中存放的是 LCD1062 的自定义字模
                                    数据
}
```

在 LCD1602 上显示自定义字符的程序如下所示。

```
LCD_Write_Com(0X80);              //在第一行第一个字符处显示字符
LCD_Write_Data(0X00);             //显示自定义字符“日”字
```

学习领航

1602 显示字符需要每一个点都正常才能正确显示出，每位学生都需要发挥出自己的能力，做好自己的工作就是为祖国的发展做贡献。

任务三　光照度的采集与显示

任务引入

在实际生活中，窗帘的打开和关闭是根据光线的变化来进行控制的。因此我们需要通过传感器来获取环境的光照情况。光照度传感器常见的光敏电阻、光照度传感器等。在此我们采用的是具有 I2C 接口的 BH1750 光照度传感器，下面就来看看怎样使用 BH1750 来获取环境光照度的值，效果如图 5-3-1所示。

图 5-3-1 获取环境光照度效果图

任务要求

(1)会读文档；

(2)会使用 I2C 总线来获取光照度的值；

(3)能正确编写获取光照度值的程序。

准备工作

(1)器材准备：计算机一台(奔腾级以上的家用计算机即可)、智能窗帘控制板一块。

(2)工具准备：Keil C 软件 C51v960a 版本软件。

作业流程图

器材准备好后请按图 5-3-2 进行作业。

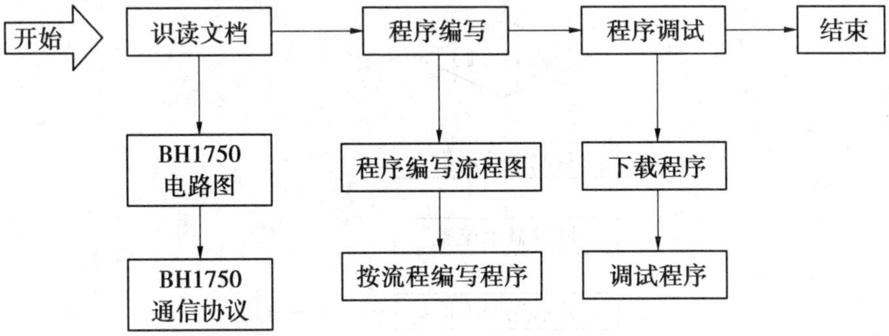

图 5-3-2 任务作业流程图

作业过程

1.识读光照度传感器的电路图

BH1750 是一种常见的获取环境光照度的传感器，其电路图如图 5-3-3 所示。其中 2 脚是 BH1750 的地址引脚，当 2 脚为高电平时，BH1750 的地址是 1011100，当 2 脚是低电平时 BH1750 的地址是 0100011。4 脚是 I^2C 的数据引脚，6 脚是 I^2C 的时钟引脚。BH1750 正常工作电压是 3.3 V，而 51 单片机的电源是 5 V，因此对 BH1750 进行控制时需要进行电平转换。在电路中由 Q2 和外围电阻完成电平转换。

2.程序编写

(1)程序流程图如图 5-3-4 所示。

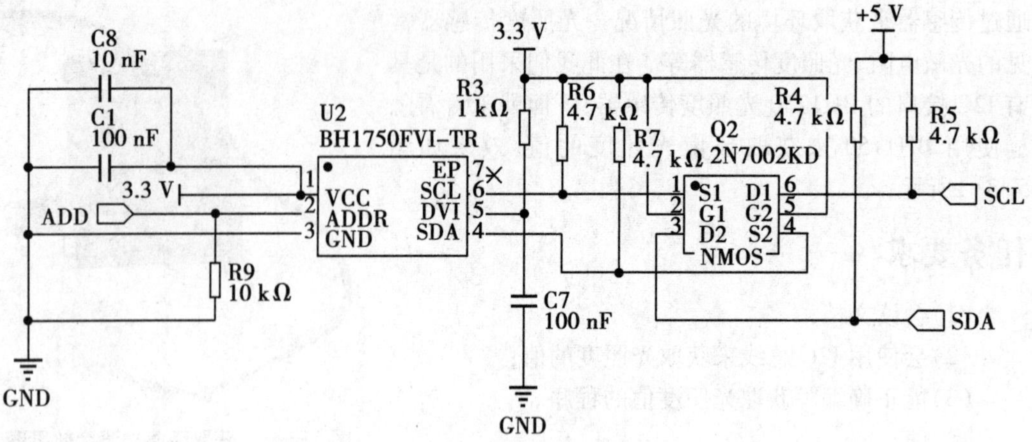

图 5-3-3 BH1750 电路图

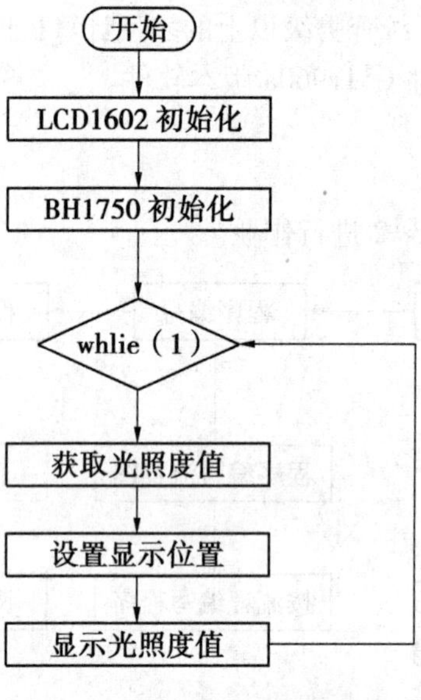

图 5-3-4 程序流程图

(2)BH1750 相关源程序。

```
#include"stc8.h"
#include "bh1750.h"
#include<INTRINS.H>

sbit SCL = P1^4 ;   /＊根据硬件连接选择＊/
sbit  SDA  = P1^5 ;  /＊根据硬件连接选择＊/
sbit saddrgo=P1^6;
//#define   SlaveAddress   0x46          //定义器件在 IIC 总线中的从地址,根据
                                           ALT  ADDRESS 地址引脚不同修改
```

```
                                        //ALT  ADDRESS 引脚接地时地址为 0xA6,
                                          接电源时地址为 0x3A
#define  SlaveAddress   0x46
unsigned char  BUF[8];
/****************************************
延时 5 ms(STC8a8k@12M)
不同的工作环境,需要调整此函数,注意时钟过快时需要修改
当改用 1T 的 MCU 时,请调整此延时函数
****************************************/
void Delay5us()//12MHZ
{
  unsigned char i;
  i = 18;
  while (--i);
}

/****************************************
延时 5 ms(STC8a8k@12M)
不同的工作环境,需要调整此函数
当改用 1T 的 MCU 时,请调整此延时函数
****************************************/
void Delay5ms()//12MHZ
{
  unsigned char i, j;
  _nop_();
  _nop_();
  i = 78;
  j = 233;
  do
  {
    while (--j);
  } while (--i);
}

/****************************************
起始信号
****************************************/
```

```
void BH1750_Start()
{
  SDA=1;                              //拉高数据线
  SCL=1;                              //拉高时钟线
  Delay5us();                         //延时
  SDA=0;                              //产生下降沿
  Delay5us();                         //延时
  SCL=0;                              //拉低时钟线
}

/**************************************
停止信号
**************************************/
void BH1750_Stop()
{
  SDA = 0;                            //拉低数据线
  SCL = 1;                            //拉高时钟线
  Delay5us();                         //延时
  SDA = 1;                            //产生上升沿
  Delay5us();                         //延时
}

/**************************************
发送应答信号
入口参数:ack (0:ACK 1:NAK)
**************************************/
void BH1750_SendACK(bit ack)
{
  SDA = ack;                          //写应答信号
  SCL = 1;                            //拉高时钟线
  Delay5us();                         //延时
  SCL = 0;                            //拉低时钟线
  Delay5us();                         //延时
}

/**************************************
接收应答信号
**************************************/
```

```
bit BH1750_RecvACK()
{
  SCL = 1;                              //拉高时钟线
  Delay5us();                           //延时
  CY = SDA;                             //读应答信号
  SCL = 0;                              //拉低时钟线
  Delay5us();                           //延时

  return CY;
}

/****************************************
向 IIC 总线发送一个字节数据
****************************************/
void BH1750_SendByte(unsigned char dat)
{
  unsigned char i;

  for (i=0; i<8; i++)          //8 位计数器
  {
    dat <<= 1;                          //移出数据的最高位
    SDA = CY;                           //送数据口
    SCL = 1;                            //拉高时钟线
    Delay5us();                         //延时
    SCL = 0;                            //拉低时钟线
    Delay5us();                         //延时
  }
  BH1750_RecvACK();
}

/****************************************
从 IIC 总线接收一个字节数据
****************************************/
unsigned char BH1750_RecvByte()
{
  unsigned char i;
  unsigned char dat = 0;
```

```
    SDA = 1;                                //使能内部上拉,准备读取数据,
    for (i=0; i<8; i++)                     //8 位计数器
    {
        dat <<= 1;
        SCL = 1;                            //拉高时钟线
        Delay5us();                         //延时
        dat |= SDA;                         //读数据
        SCL = 0;                            //拉低时钟线
        Delay5us();                         //延时
    }
    return dat;
}

//************************************

void Single_Write_BH1750(unsigned char REG_Address)
{
    BH1750_Start();                         //起始信号
    BH1750_SendByte(SlaveAddress);          //发送设备地址+写信号
    BH1750_SendByte(REG_Address);           //内部寄存器地址
//  BH1750_SendByte(REG_data);              //内部寄存器数据
    BH1750_Stop();                          //发送停止信号
}

//********单字节读取******************
/*
uchar Single_Read_BH1750(uchar REG_Address)
{  uchar REG_data;
    BH1750_Start();                         //起始信号
    BH1750_SendByte(SlaveAddress);          //发送设备地址+写信号
    BH1750_SendByte(REG_Address);           //发送存储单元地址,从 0 开始
    BH1750_Start();                         //起始信号
    BH1750_SendByte(SlaveAddress+1);        //发送设备地址+读信号
    REG_data=BH1750_RecvByte();             //读出寄存器数据
    BH1750_SendACK(1);
    BH1750_Stop();                          //停止信号
```

```
  return REG_data;
}
*/
//*****************************************
//
//连续读出 BH1750 内部数据
//
//*****************************************
void Multiple_read_BH1750(void)
{ unsigned char i;
  BH1750_Start();                          //起始信号
  BH1750_SendByte(SlaveAddress+1);         //发送设备地址+读信号

  for (i=0; i<3; i++)                      //连续读取 6 个地址数据,存储中 BUF
  {
    BUF[i] = BH1750_RecvByte();            //BUF[0]存储 0x32 地址中的数据
    if (i == 3)
    {

      BH1750_SendACK(1);                   //最后一个数据需要回 NOACK
    }
    else
    {
      BH1750_SendACK(0);                   //回应 ACK
    }
  }

  BH1750_Stop();                           //停止信号
  Delay5ms();
}
//初始化 BH1750,根据需要参考芯片 pdf 进行修改****
void Init_BH1750()
{
  Single_Write_BH1750(0x01);
       Single_Write_BH1750(0x07);
}
```

想一想

若需要使用低分辨率进行光照度的采集应该在哪里修改呢？

做一做

使用低分辨率进行光照度的采集并在 LCD1602 上显示。

自评

项目内容	完成要求	分配分值/分	完成情况	自评分值
编写程序	程序结构正确	20		
调试程序	调试程序正确	20		
正确显示光照度值	源程序正确	50		
正确显示光照度单位	源程序正确	10		

知识探究

I2C 协议简析

(1)时序图。

I2C 总线在时钟信息为高电平时，数据线上的数据不能变化，只有当时钟信号为低电平时数据才能变化，如图 5-3-5 所示。

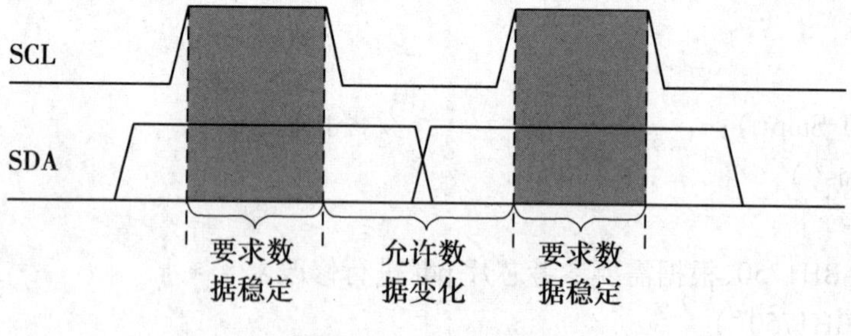

图 5-3-5　I2C 时序图

(2)I2C 协议信号约定。

对于主机，I2C 协议规定起始信号见表 5-3-1，时序图如图 5-3-6 所示。

表 5-3-1　起始信号

SCL	SDA	表示信号
主机　高电平	下降沿	起始信号
主机　高电平	上升沿	终止信号

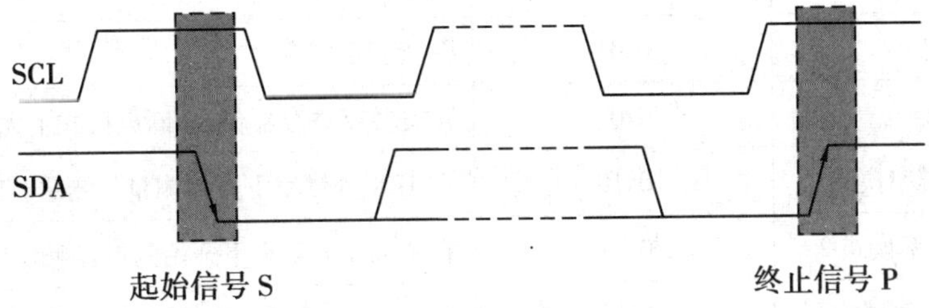

图 5-3-6　I2C 起始信号时序图

对于从机需要发出应答信号，当主机发送完 8 位数据后，从机需要将数据线拉低后，再拉高，如图 5-3-7 所示。

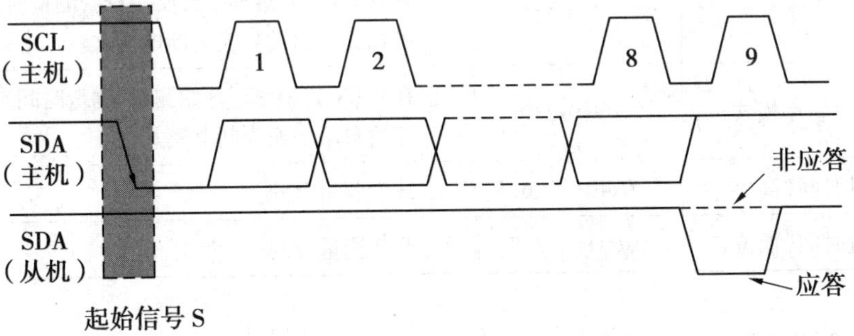

图 5-3-7　从机应答信号

由于某种原因从机不对主机寻址信号应答（如从机正在进行实时性的处理工作而无法接收总线上的数据）时，它必须将数据线置于高电平，而由主机产生一个终止信号以结束总线的数据传送；如果从机对主机进行了应答，但在数据传送一段时间后无法继续接收更多的数据时，从机可以通过对无法接收的第一个数据字节的“非应答”通知主机，主机则应发出终止信号以结束数据的继续传送；当主机接收数据时，它收到最后一个数据字节后，必须向从机发出一个结束传送的信号。这个信号是由对从机的“非应答”来实现的。然后，从机释放 SDA 线，以允许主机产生终止信号。

（3）数据帧率格式。

IIC 总线上的数据包括地址信号和数据信号。在起始信号后必须传送一个从机的地址（7 位），第 8 位是数据的传送方向位，既是读还是写（R=1/W=0），每次数据传送均以主机产生终止信号结束。总线的一次数据传输包括以下几种组合：

主机向从机发送数据，数据的传送方向在整个传送过程中不变。

主机在第一个字节后，立即从从机读数据。在传送过程中，需要改变读写方向时，起始信号和从机地址都被重复产生一次，但两次读/写方向位正好相反。

（4）分析 BH1750 命令。

BH1750 的指令集合见表 5-3-2。

表 5-3-2 BH1750 指令

指令	功能码	说明
断电	0x00	无激活状态
通电	0x01	等待测量指令
重置	0x07	重置数字寄存器值，在断电模式下无效
连续 H 分辨率模式	0x10	在 1LX 分辨率下开始测量。测量时间 120 ms
连续 H 分辨率模式 2	0x11	在 0.5LX 分辨率下开始测量，测量时间 120 ms
连续 L 分辨率模式	0x13	在 4 LX 分辨率下开始测量，测量时间 16 ms
一次连续 H 分辨率模式	0x20	在 1LX 分辨率下开始测量。测量时间 120 ms，测量完后自动切换为断电模式
一次连续 H 分辨率模式 2	0x21	在 0.51LX 分辨率下开始测量。测量时间 120 ms，测量完后自动切换为断电模式
一次 L 分辨率模式	0x23	在 4 LX 分辨率下开始测量，测量时间 16 ms，测量完后自动切换为断电模式
改变测量时间（高位）	0x40+[7,6,5]	改变测量时间
改变测量时间（低位）	0x60+[4,3,2,1]	改变测量时间

BH1750 测量程序流程如图 5-3-8 所示。

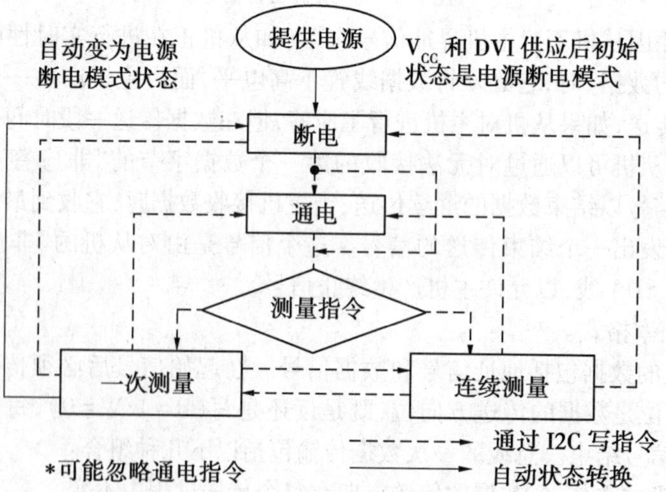

图 5-3-8 BH1750 测量程序流程图

BH1750 从“写命令”到“读出测量结果”，需要经过三个步骤，第一步发送 0x43 命令，等从机回复后，再发送 0x10 命令；第二步等 BH1750 测量完成，最大等待时间 180 ms；第三步发送 0x43 命令，读取测量结果。

学习领航

I2C 接口在通信的过程中有严格的时序，对单片机和接口芯片来讲都需要按协议要求才能正常通信。在学校里、在社会中，每个人都要遵守相应的法律、法规，这样社会才能正常运行。

任务四　制作智能窗帘

任务引入

在前面几节中我们学习了步进电机的控制，LCD1602 显示字符和数字，获取环境光照度值。在此基础之上我们可以通过单片机实现根据环境光照度来自动打开或关闭窗帘(在实验中，我们通过步进电机的正转来模拟窗帘打开，通过步进电机反转来模拟窗帘关闭)。当光照度值大于 400 Lx 时关闭窗帘，反之则打开窗帘，根据后面的作业过程可实现该功能。

任务要求

(1)会将程序分模块进行；

(2)会在不同模块之间进行数据传递；

(3 能实现窗帘的智能化控制。

准备工作

(1)器材准备：计算机一台(奔腾级以上的家用计算机即可)、智能窗帘控制板一块(图 5-4-1)。

(2)工具准备：Keil C 软件 C51v960a 版本软件。

图 5-4-1　智能窗帘控制板

作业流程图

器材准备好后请按图 5-4-2 进行作业。

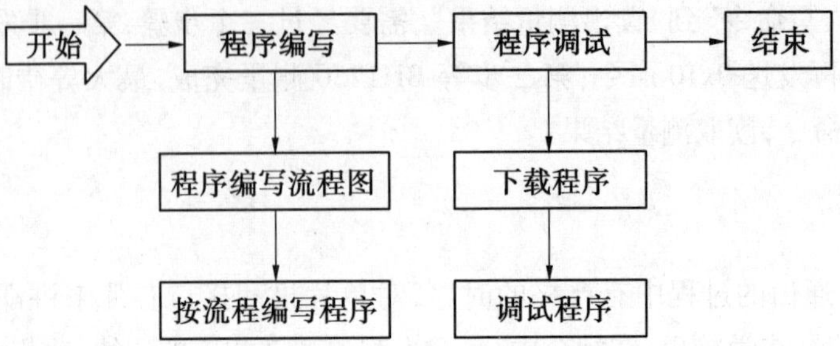

图 5-4-2　任务作业流程图

作业过程

程序编写

1)程序流程图

智能窗帘的控制需要将程序分为三个模块,步进电机控制模块、LCD1602 显示模块、获取光照度值模块。其中 LCD1602 显示模块、获取光照度值模块需要对设备进行初始化操作,因此整个系统流程图如图 5-4-3 所示。

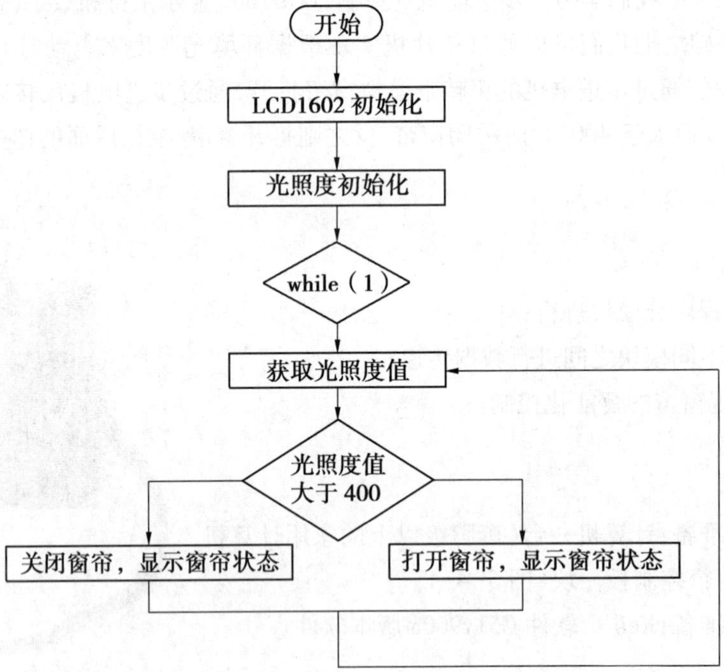

图 5-4-3　智能窗帘程序流程图

2)主函数源程序

```
void main(void)
{
unsigned int i;
unsigned char *p;
unsigned int zhi;
LCD_Init();
DelayMs(300);
Init_BH1750();                          //初始化 BH1750
for(i=0;i<8;i++)
    BUF[i]=0;
  LCD_Clear();
    LCD_Write_String(0,0,"dianji:Off");
while (1)
  {
    LCD_Clear();
    //LCD_Write_String(0,0,"dianji:Off");
    //DelayMs(250);
    Single_Write_BH1750(0x01);          // power on   光照度
    Single_Write_BH1750(0x10);          // H- resolution mode
    for(i=0;i<24;i++)
        Delay5ms();                     //延时 180ms
    Multiple_read_BH1750();             //连续读出数据,存储在 BUF 中
    zhi=(BUF[0]<<8)+BUF[1];             //合成数据
    LCD_Write_Char(0,1,'g');
    LCD_Write_Char(0,2,'z');
    LCD_Write_Char(0,3,'d');
    LCD_Write_Char(0,4,':');
    LCD_Write_Char(0,5,tab1[zhi/10000%10]);
    LCD_Write_Char(1,6,tab1[zhi/1000%10]);
    LCD_Write_Char(2,7,tab1[zhi/100%10]);
    LCD_Write_Char(3,8,tab1[zhi/10%10]);
    LCD_Write_Char(4,9,tab1[zhi%10]);
    if(zhi>400)
    {
        LCD_Write_String(0,0,"dianji:FWD");
      for(i=0;i<500;i++)
```

```
            bj(1,7000);
        }
        else
        {
            LCD_Write_String(0,0,"dianji:REV");
          for(i=0;i<500;i++)
            bj(0,7000);
        }
      }
    }
```

想一想

如果光照度的采集间隔为 10 s,程序该怎么修改?

做一做

实现光照度的采集间隔为 10 s,并可以进行智能化控制。

自评

项目内容	完成要求	配分/分	完成情况	自评分值
编写程序	程序结构正确	20		
调试程序	调试程序正确	20		
正确显示光照度值	源程序正确	50		
正确显示光照度单位	源程序正确	10		
光照度大于 400 关闭窗帘				
光照度小于 400 打开窗帘				
窗帘状态显示正确				

知识探究

1.赋值运算符

C51 中赋值运算符的符号是=，其表达式为

$$A=值;$$

其运算规则是把右边的值赋给左边变量。

2.复合赋值运算符

在 C51 中有一些二元运算符可以和赋值运算符结合起来，构成复合赋值运算符，其表达式为

$$A\ 二元运算符\ =\ B;$$

复合赋值运算符的运算规则，需要根据下面的规则展开后再进行运算。

$$A=A\ 二元运算符\ B;$$

其中二元运算符可以是+，-，*，/，%，<<，>>，&，^，|。

学习领航

窗帘的运动需要电动的正确推动才行，我国的发展需要在党的领导下才能不断的向前发展。十九届六中全会的《中共中央关于党的百年奋斗重大成就和历史经验的决议》就是得到了历史检验的有力证明。历史和人民选择了中国共产党，没有中国共产党的领导，民族独立、人民解放是不可能实现的。

学习检测

一、填空题

1.步进电机的驱动有________、____________两种。

2.BH1750 使用________协议与单片机进行通信。

3.LCD1602 最多可以自定义__________字符。

4.单片机 C 语言中逻辑运算有________、________、________三种。

二、作图题

1.请画出使用 P2.0 和 P2.3 驱动步进电机的电路图。

2.请画出使用 P1.0 和 P1.1 接 BH1750 的电路图。

3.请画出使用 P1.0、P1.1、P1.2 做控制口，P0 口做数据口的 LCD1062 电路图。

三、操作题

1.编写程序控制步进电机正转 5 s,再反转 5 s。

2.编写程序使用定时器来控制步进电机的转动。

3.编写程序在 LCD1602 上显示实时时钟。

4.编写程序在 LCD1602 上显示光照度值。

5.编写程序当光照度小于 300 lx 时打开窗帘,反之关闭窗帘。

项目六

智能风扇

在自动控制设备中，存在着电子电路（弱电）与电气电路（强电）的互相连接问题。受控器件往往是应用继电器实现电路通断或控制操作的，以便实现电隔离，保护电路设备及人身财产安全。如汽车的雨刮器、工业PLC控制和电力部门线路切换等，其实都是单片机的简单应用，如图6-0-1所示。

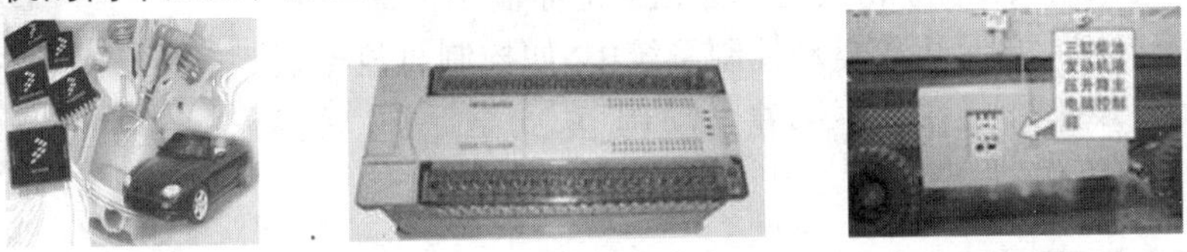

（a）汽车应用　（b）工业控制　（c）线路切换

图6-0-1　单片机继电器控制实例

前面我们已经对单片机的基础知识进行了学习，下面我们就对单片机怎样来控制继电器的知识进行学习。

【知识目标】

（1）熟悉继电器工作原理。
（2）熟悉继电器控制原理。
（3）熟悉继电器控制操作方式。
（4）熟悉OLED屏显示原理。
（5）熟悉直流电机工作原理。
（6）熟悉温度采集原理。

【能力目标】

（1）会编程控制继电器。
（2）会编程控制OLED屏显示。
（3）会编程控制直流电机。
（4）会编程实现温度显示。
（5）会编写智能风扇控制程序。

【情感态度】

培养乐于表达和交流的态度，分析电路、理解程序，根据现象探究科学的态度。体会在探究学习中合作的必要性和重要性，了解全球温室效应以及厄尔尼诺现象，帮助我们爱护环境。

任务一　直流电机的控制

任务引入

日常生活中，开与关无处不在，如电机启动与停止、开灯与关灯等。工业生产中，开关状态依然十分普遍。为了安全，控制系统往往以弱电来控制强电，中间环节用特定设备来驱动和隔离。下面我们将学习一种应用广泛的设备——继电器。它是一种用较小电流控制较大电流的“自动开关”，具有控制系统（又称输入回路）和被控制系统（又称输出回路），广泛应用在单片机等自动控制系统中，如控制直流电机（图 6-1-1），在其中起着自动调节、安全保护、转换电路等作用。

图 6-1-1　实物图

任务要求

（1）会识别一个继电器电路原理图；

（2）能正确安装元件；

（3）知道程序流程图及结构；

（4）知道直流电机的工作原理；

（5）会编写控制程序。

准备工作

（1）器材准备：单片机电路板一块，继电器电路器材一套，直流电机一台。

（2）工具准备：白色 A4 纸一张、作图工具一套、笔一支。

作业流程图

器材准备好后请按图 6-1-2 进行作业。

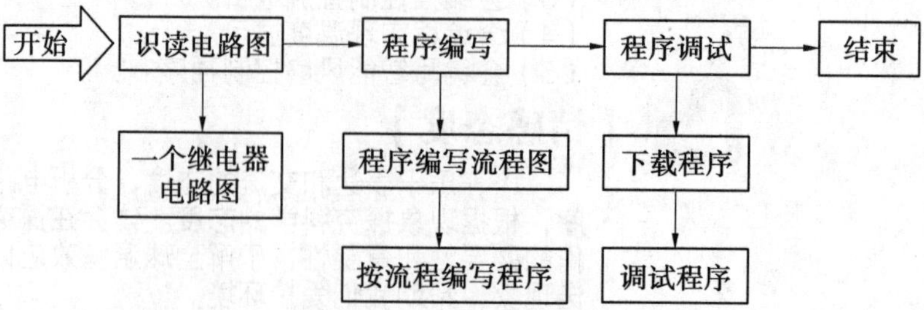

图 6-1-2　任务作业流程图

作业过程

1.识读电路图

继电器控制电路图如6-1-3所示。

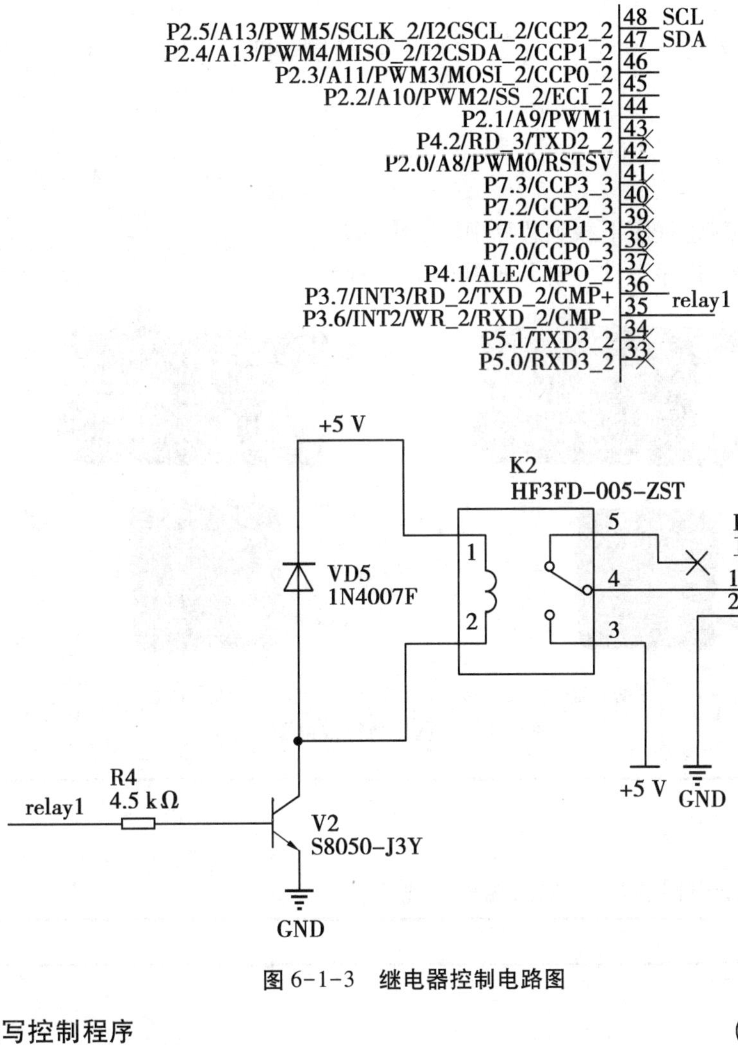

图6-1-3　继电器控制电路图

2.编写控制程序

(1)控制一个继电器按以下流程执行程序，如图6-1-4所示。

图6-1-4　程序流程图

(2)源程序：

```
//#include "reg52.h"
#include "intrins.h"
#include "codetab.h"
#include "LQ12864.h"
```

```
#include <math.h>
sbit dianji=P3^6;                                  //电机所有引脚
void main()
{
  while(1)
      dianji=1;                                    //开启电机
}
```

3.程序调试

(1)下载程序:将程序下载到芯片中。

(2)调试程序:程序正常后效果如图 6-1-5 所示。

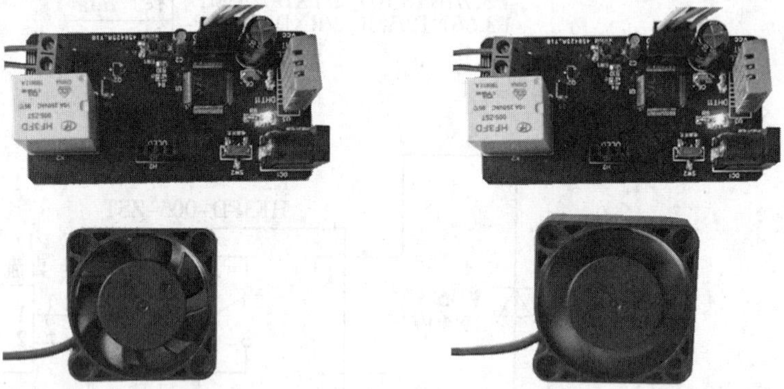

未启动状态　　　　启动后状态

图 6-1-5　程序执行效果图

想一想

如果使用继电器的常开,如何编程实现功能?

做一做

控制 P0.7 上的继电器工作实现直流电机正转。

自评

项目内容	完成要求	分配分值/分	完成情况	自评分值
编写程序	程序结构正确	20		
	源程序正确	20		

续表

项目内容	完成要求	分配分值/分	完成情况	自评分值
调试程序	调试程序正确	20		
控制风扇的转速	程序结构正确	20		
	源程序正确	20		

知识探究

1.继电器

继电器就是一个电磁铁,这个电磁铁的衔铁可以闭合或断开一个或数个触点。当电磁铁的线圈中有电流通过时,衔铁被电磁铁吸引,因而就改变了触点的状态。继电器一般可以分为电磁式继电器、热敏干簧继电器、固态继电器等。本实验板上配置的继电器如图6-1-6所示。

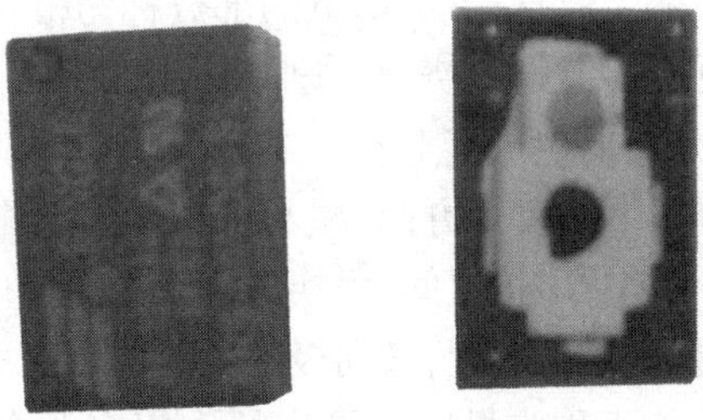

图 6-1-6　继电器实物图

(1)电磁式继电器一般由铁芯、铁圈、衔铁、触点簧片等组成。只要在线圈两端加上一定的电压,线圈中就会流过一定的电流,从而产生电磁效应,衔铁就会在电磁力的作用下克服弹簧的拉力吸向铁芯,从而带动衔铁的动触点与静触点(常开触点)吸合。当线圈断电后,电磁的吸力也随之消失,衔铁就会在弹簧的反作用力下返回原来的位置,使动触点与原来的静触点(常闭触点)吸合。这样吸合、释放,从而达到了在电路中的导通、切断的目的。对于继电器的"常开、常闭"触点,可以这样来区分:继电器线圈未通电时处于断开状态的静触点称为"常开触点";处于接通状态的静触点称为"常闭触点"。

(2)热敏干簧继电器是一种利用热敏磁性材料检测和控制温度的新型热敏开关。它由感温磁环、恒磁环、干簧管、导热安装片、塑料衬底及其他一些附件组成。热敏干簧继电器不用线圈励磁,而由恒磁环产生的磁力驱动开关动作。恒磁环能否向干簧管提供磁力是由感温磁环的温控特性决定的。

(3)固态继电器是一种两个接线端为输入端,另两个接线端为输出端的四端元件,中间采用隔离元件实现输入输出的电隔离。

(4)固态继电器按负载电源类型可分为交流型和直流型;按开关型式可分为常开型和常闭型;按隔离型式可分为混合型、变压器隔离型和光隔离型,以光隔离型为最多。

2.直流电机

直流电机是指能将直流电能转换成机械能(直流电动机)或将机械能转换成直流电能的旋转电机(直流发电机)。它是能实现直流电能和机械能互相转换的电机。当它作电动机运行时是直流电动机;将电能转换为机械能,作发电机运行时是直流发电机,将机械能转换为电能。

1)电机分类

电机按类型主要分为直流有刷电机和直流无刷电机。直流电机的励磁方式是指对励磁绕组如何供电、产生励磁磁通势而建立主磁场。根据励磁方式的不同,直流电机可分为他励直流电机、并励直流电机、串励直流电机、复励直流电机。

2)电机结构

直流电机由定子和转子两大部分组成。直流电机运行时静止不动的部分称为定子,定子的主要作用是产生磁场,由主磁极、换向极、机座、电刷装置、轴承和端盖等组成。

(1)主磁极。主磁极的作用是产生气隙磁场。主磁极由主磁极铁芯和励磁绕组两部分组成。铁芯一般用0.5~1.5 mm厚的硅钢板冲片叠压铆紧而成,分为极身和极靴两部分,上面套励磁绕组的部分称为极身,下面扩宽的部分称为极靴,极靴宽于极身,既可以调整气隙中磁场的分布,又便于固定励磁绕组。励磁绕组用绝缘铜线绕制而成,套在主磁极铁芯上。整个主磁极用螺钉固定在机座上。

(2)换向极。换向极的作用是改变方向,减小电机运行时电刷与换向器之间可能产生的换向火花,一般装在两个相邻主磁极之间,由换向极铁芯和换向极绕组组成。换向极绕组用绝缘导线绕制而成,套在换向极铁芯上,换向极的数目与主磁极相等(如图6-1-7)。

(3)机座。电机定子的外壳称为机座。机座的作用有两个:一是用来固定主磁极、换向极和端盖,并起整个电机的支撑和固定作用;二是机座本身也是磁路的一部分,借以构成磁极之间磁的通路,磁通通过的部分称为磁轭。为保证机座具有足够的机械强度和良好的导磁性能,一般为铸钢件或由钢板焊接而成。

(4)电刷装置。电刷装置是用来引入或引出直流电压和直流电流的。电刷装置由电刷、刷握、刷杆和刷杆座等组成。电刷放在刷握内,用弹簧压紧,使电刷与换向器之间有良好的滑动接触,刷握固定在刷杆上,刷杆装在圆环形的刷杆座上,相互之间必须绝缘。刷杆座装在端盖或轴承内盖上,圆周位置可以调整,调好以后加以固定(如图6-1-8)。

运行时转动的部分称为转子,其主要作用是产生电磁转矩和感应电动势,是直流电机进行能量转换的枢组,所以通常又称为电枢,由电枢铁芯、电枢绕组、换向器、转轴和风扇等组成。

(1)电枢铁芯。电枢铁芯是主磁路的主要部分,同时用以嵌放电枢绕组。一般电枢铁芯采用由0.5 mm厚的硅钢片冲制而成的冲片叠压而成,以降低电机运行时电枢铁芯中产生的涡流损耗和磁滞损耗。叠成的铁芯固定在转轴或转子支架上。铁芯的外圆开有电枢槽,槽内嵌放电枢绕组。

(2)电枢绕组。电枢绕组的作用是产生电磁转矩和感应电动势,是直流电机进行能量变换的关键部件,所以叫电枢。它由许多线圈(以下称元件)按一定规律连接而成,线

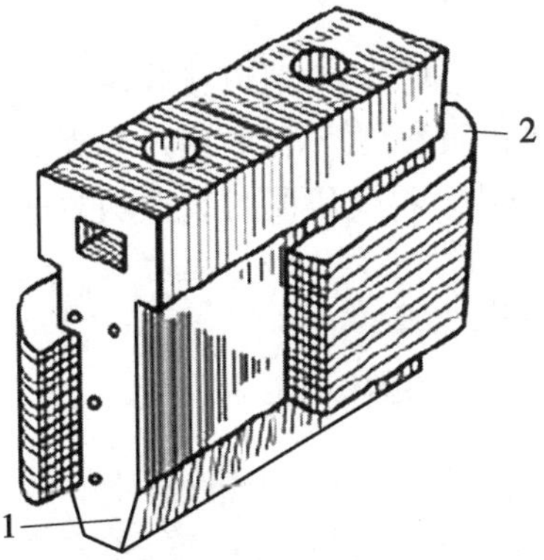

图 6-1-7 换向极

1—换向极铁芯;2—换向极绕组转子电枢

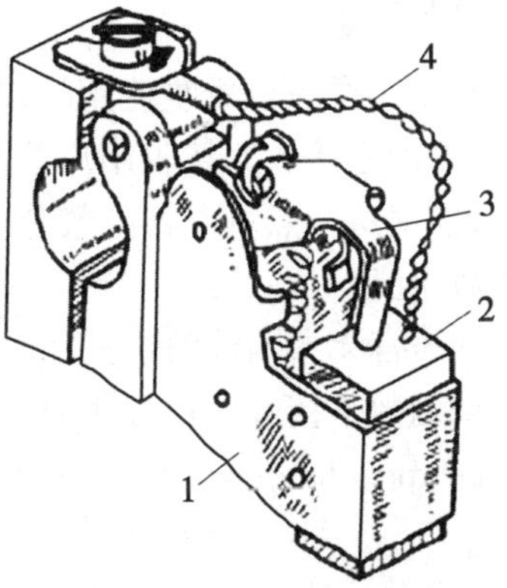

图 6-1-8 电刷装置

1—刷握;2—电刷;3—压紧弹簧;4—刷辫

圈采用高强度漆包线或玻璃丝包扁铜线绕成,不同线圈的线圈边分上下两层嵌放在电枢槽中,线圈与铁芯之间及上、下两层线圈边之间都必须妥善绝缘。为防止离心力将线圈边甩出槽外,槽口用槽楔固定。线圈伸出槽外的端接部分用热固性无纬玻璃带进行绑扎。

(3)换向器。在直流电动机中,换向器配以电刷,能将外加直流电源转换为电枢线圈中的交变电流,使电磁转矩的方向恒定不变;在直流发电机中,换向器配以电刷,能将电枢线圈中感应产生的交变电动势转换为正、负电刷上引出的直流电动势。换向器是由许多换向片组成的圆柱体,如图 6-1-9 所示。换向片之间用云母片绝缘,换向电枢槽的结构片的紧固通常如图 6-1-10 所示,换向片的下部做成鸽尾形,两端用钢制 V 形套筒和 V 形云母环固定,再用绝缘螺母锁紧。

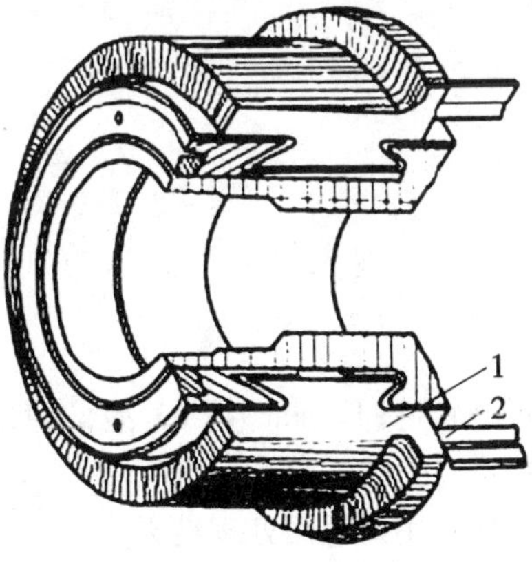

图 6-1-9 换向器结构

1—换向片;2—连接部分

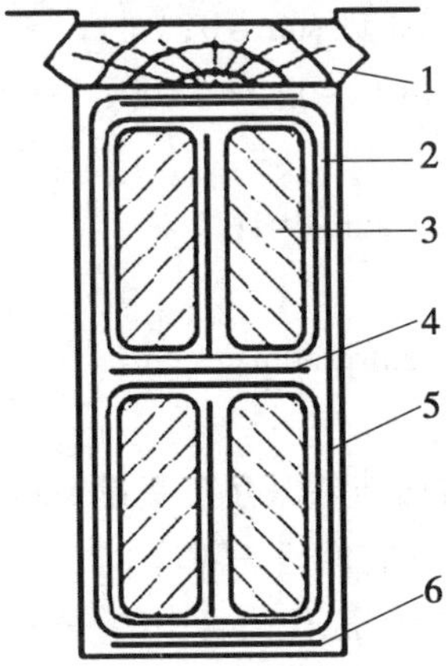

图 6-1-10 电枢槽的紧固

1—槽楔;2—线圈绝缘;3—电枢导体;
4—层间绝缘;5—槽绝缘;6—槽底

(4)转轴。转轴起转子旋转的支撑作用,需有一定的机械强度和刚度,一般用圆钢加工而成。

3.定义函数

函数是一段可以重复使用的代码,用来独立地完成某个功能,它可以接收用户传递的数据,也可以不接收。接收用户数据的函数在定义时要指明参数,不接收用户数据的不需要指明,根据这一点可以将函数分为有参函数和无参函数。将代码段封装成函数的过程称为函数定义。

1)C 语言无参函数的定义

如果函数不接收用户传递的数据,那么定义时可以不带参数。如:

```
DataType    hanshu1( )
{
//body
}
```

DataType 是返回值类型,它可以是 C 语言中的任意数据类型,如 int、float、char 等。

hanshu1( )是函数名,它是标识符的一种,命名规则和标识符相同。函数名后面的括号( )不能少。

body 是函数体,它是函数需要执行的代码,是函数的主体部分。即使只有一个语句,函数体也要用{ }包围。

如果有返回值,在函数体中使用 return 语句返回。return 出来的数据的类型要和 DataType 一样。

例如,定义一个函数,计算从 1 加到 100 的结果:

```
int sum( )
{
  int i, sum=0;
  for(i=1; i<=100; i++)
  {
    sum+=i;
  }
  return sum;
}
```

累加结果保存在变量 sum 中,最后通过 return 语句返回。sum 是 int 型,返回值也是 int 类型,它们一一对应。

return 是 C 语言中的一个关键字,只能用在函数中,用来返回处理结果。

将上面的代码补充完整:

```
#include <stdio.h>
int sum( )
{
  int i, sum=0;
  for(i=1; i<=100; i++){
```

```
    sum+=i;
  }
  return sum;
}
int main()
{
  int a = sum();
  printf("The sum is %d\n", a);
  return 0;
}
```

运行结果:

The sum is 5050

函数不能嵌套定义,main 也是一个函数定义,所以要将 sum 放在 main 外面。函数必须先定义后使用,所以 sum 要放在 main 前面。

注意:main 是函数定义,不是函数调用。当可执行文件加载到内存后,系统从 main 函数开始执行,也就是说,系统会调用我们定义的 main 函数。

2)无返回值函数

有的函数不需要返回值,或者返回值类型不确定(很少见),那么可以用 void 表示,如:

```
void hello()
{
  printf ("Hello,world \n");
  //没有返回值就不需要 return 语句
}
```

void 是 C 语言中的一个关键字,表示“空类型”或“无类型”,绝大部分情况下也就意味着没有 return 语句。

C 语言有参函数的定义

如果函数需要接收用户传递的数据,那么定义时就要带上参数,如:

```
dataType  hanshu2( dataType1 param1, dataType2 param2 … )
{
  //body
}
```

dataType1 param1, dataType2 param2 …是参数列表。函数可以只有一个参数,也可以有多个,多个参数之间用“,”分隔。参数本质上也是变量,定义时要指明类型和名称。与无参函数的定义相比,有参函数的定义仅仅是多了一个参数列表。

数据通过参数传递到函数内部进行处理,处理完成以后再通过返回值告知函数外部。

更改上面的例子,计算从 m 加到 n 的结果:

```
int sum(int m, int n){
    int i, sum=0;
    for(i=m; i<=n; i++){
        sum+=i;
    }
    return sum;
}
```

参数列表中给出的参数可以在函数体中使用,使用方式和普通变量一样。

调用 sum()函数时,需要给它传递两份数据,一份传递给 m,一份传递给 n。你可以直接传递整数,如:

```
int result = sum(1, 100);          //1 传递给 m,100 传递给 n
```

也可以传递变量:

```
int begin = 4;
int end = 86;
int result = sum(begin, end);      //begin 传递给 m,end 传递给 n
```

也可以整数和变量一起传递:

```
int num = 33;
int result = sum(num, 80);         //num 传递给 m,80 传递给 n
```

函数定义时给出的参数称为形式参数,简称形参;函数调用时给出的参数(也就是传递的数据)称为实际参数,简称实参。函数调用时,将实参的值传递给形参,相当于一次赋值操作。

原则上讲,实参的类型和数目要与形参保持一致。如果能够进行自动类型转换,或者进行了强制类型转换,那么实参类型也可以不同于形参类型,如将 int 类型的实参传递给 float 类型的形参就会发生自动类型转换。

将上面的代码补充完整,为:

```
#include <stdio.h>

int sum(int m, int n){
    int i, sum=0;
    for(i=m; i<=n; i++){
        sum+=i;
    }
    return sum;
}

int main(){
    int begin = 5, end = 86;
```

```
    int result = sum(begin, end);
    printf("The sum from %d to %d is %d\n", begin, end, result);
    return 0;
}
```

运行结果：

```
The sum from 5 to 86 is 3731
```

定义 sum()时，参数 m、n 的值都是未知的；调用 sum()时，将 begin、end 的值分别传递给 m、n，这和给变量赋值的过程是一样的，它等价于：

```
m = begin;
n = end;
```

3）函数不能嵌套定义

强调一点，C 语言不允许函数嵌套定义；也就是说，不能在一个函数中定义另外一个函数，必须在所有函数之外定义另外一个函数。main()也是一个函数定义，也不能在 main()函数内部定义新函数。下面的例子是错误的：

```
#include <stdio.h>
void func1()
{
  printf("http://baidu.com");
void func2()
{
    printf("C 语言");
  }
}
int main()
{
  func1();
  return 0;
}
```

有些初学者认为，在 func1()内部定义 func2()，那么调用 func1()时也就调用了 func2()，这是错误的。

正确的写法应该是这样的：

```
#include <stdio.h>
void func2(){
  printf("C 语言");
}
void func1(){
  printf("http://baidu.com");
```

```
    func2();
}
int main(){
    func1();
    return 0;
}
```

func1()、func2()、main()这三个函数是平行的,谁也不能位于谁的内部,要想达到调用 func1()时也调用 func2()的目的,必须将 func2()定义在 func1()外面,并在 func1()内部调用 func2()。

4.函数声明

C 语言代码由上到下依次执行,原则上函数定义要出现在函数调用之前,否则就会报错。但在实际开发中,经常会在函数定义之前使用它们,这个时候就需要提前声明。

所谓声明,就是告诉编译器我要使用这个函数,你现在没有找到它的定义不要紧,请不要报错,稍后我会把定义补上。函数声明的格式非常简单,相当于去掉函数定义中的函数体,并在最后加上分号“;”,如:

```
dataType  hanshuName( dataType1 param1, dataType2 param2 ... );
```

也可以不写形参,只写数据类型:

```
dataType  hanshuName( dataType1, dataType2 ... );
```

函数声明给出了函数名、返回值类型、参数列表(重点是参数类型)等与该函数有关的信息,称为函数原型(Function Prototype)。函数原型的作用是告诉编译器与该函数有关的信息,让编译器知道函数的存在,以及存在的形式,即使函数暂时没有定义,编译器也知道如何使用它。

有了函数声明,函数定义就可以出现在任何地方了,甚至是其他文件、静态链接库、动态链接库等。

【示例 1】定义一个函数 sum(),计算从 m 加到 n 的和,并将 sum()的定义放到 main()后面。

```
#include <stdio.h>
//函数声明部分
int sum(int m, int n);                    //也可以写作 int sum(int, int);
int main(){
    int begin = 5, end = 86;
    int result = sum(begin, end);
    printf("The sum from %d to %d is %d\n", begin, end, result);
    return 0;
}
//函数定义部分
int sum(int m, int n){
```

```
    int i, sum=0;
    for(i=m; i<=n; i++){
      sum+=i;
    }
    return sum;
}
```

我们在 main()函数中调用了 sum()函数,编译器在它前面虽然没有发现函数定义,但是发现了函数声明,这样编译器就知道函数怎么使用了,至于函数体到底是什么,暂时可以不用操心,后续再把函数体补上就行。

【示例 2】定义两个函数,计算 1! + 2! + 3! +…+ (n-1)! + n! 的和。

```
#include <stdio.h>
// 函数声明
long factorial(int n);                    //也可以写作 long factorial(int);
long sum(long n);                         //也可以写作 long sum(long);
int main(){
  printf("1! +2! +...+9! +10! = %ld\n", sum(10));
  return 0;
}
//函数定义
//求阶乘
long factorial(int n){
  int i;
  long result=1;
  for(i=1; i<=n; i++){
    result *= i;
  }
  return result;
}
// 求累加的和
long sum(long n){
  int i;
  long result = 0;
  for(i=1; i<=n; i++){
    result += factorial(i);
  }
  return result;
}
```

运行结果:

1! +2! +…+9! +10! = 4037913

初学者编写的代码都比较简单,顶多几百行,完全可以放在一个源文件中。对于单个源文件的程序,通常是将函数定义放到main()的后面,将函数声明放到main()的前面,这样就使得代码结构清晰明了、主次分明。

使用者往往只关心函数的功能和函数的调用形式,很少关心函数的实现细节,将函数定义放在最后,就是尽量屏蔽不重要的信息,凸显关键的信息。将函数声明放到main()的前面,在定义函数时也不用关注它们的调用顺序了,哪个函数先定义,哪个函数后定义,都无所谓了。

然而在实际开发中,往往都是几千行、上万行、百万行的代码,将这些代码都放在一个源文件中简直是灾难,不但检索麻烦,而且打开文件也很慢,所以必须将这些代码分散到多个文件中。对于多个文件的程序,通常是将函数定义放到源文件(.c 文件)中,将函数的声明放到头文件(.h 文件)中,使用函数时引入对应的头文件就可以了,编译器会在链接阶段找到函数体。

前面我们在使用 printf()、puts()、scanf()等函数时引入了 stdio.h 头文件,很多初学者认为 stdio.h 中包含了函数定义(也就是函数体),只要有了头文件就能运行,其实不然,头文件中包含的都是函数声明,而不是函数定义,函数定义都放在了其他的源文件中,这些源文件已经提前编译好了,并以动态链接库或者静态链接库的形式存在,只有头文件没有系统库的话,在链接阶段就会报错,程序根本不能运行。

5.函数调用

所谓函数调用(Function Call),就是使用已经定义好的函数。函数调用的一般形式为:

```
functionName(param1, param2, param3,...);
```

functionName 是函数名称,param1, param2, param3,...是实参列表。实参可以是常数、变量、表达式等,多个实参之间用逗号分隔。

在 C 语言中,函数调用的方式有多种,例如:

```
//函数作为表达式中的一项出现在表达式中
z = max(x, y);
m = n + max(x, y);
//函数作为一个单独的语句
printf("%d", a);
scanf("%d", &b);
//函数作为调用另一个函数时的实参
printf( "%d", max(x, y));
total( max(x, y), min(m, n));
```

函数的嵌套调用

函数不能嵌套定义，但可以嵌套调用，也就是在一个函数的定义或调用过程中允许出现对另外一个函数的调用。

【示例】计算 sum = 1! + 2! + 3! +…+ (n-1)! + n!

分析：可以编写两个函数，一个用来计算阶乘，一个用来计算累加的和。

```
#include <stdio.h>
//求阶乘
long factorial(int n){
    int i;
    long result=1;
    for(i=1; i<=n; i++){
        result  *= i;
    }
    return result;
}
// 求累加的和
long sum(long n){
    int i;
    long result = 0;
    for(i=1; i<=n; i++){
        //在定义过程中出现嵌套调用
        result += factorial(i);
    }
    return result;
}

int main(){
    printf("1! +2! +...+9! +10! = %ld\n", sum(10));  //在调用过程中出现嵌套调用
    return 0;
}
```

运行结果：

1! +2! +...+9! +10! =4037913

sum()的定义中出现了对 factorial()的调用，printf()的调用过程中出现了对 sum()的调用，而 printf()又被 main()调用，它们的整体调用关系为：

main()→printf()→sum()→factorial()

如果一个函数 A()在定义或调用过程中出现了对另外一个函数 B()的调用，那么我

们就称 A( )为主调函数或主函数,称 B( )为被调函数。当主调函数遇到被调函数时,主调函数会暂停,CPU 转而执行被调函数的代码;被调函数执行完毕后再返回主调函数,主调函数根据刚才的状态继续往下执行。一个 C 语言程序的执行过程可以被认为是多个函数之间的相互调用过程,它们形成了一个或简单或复杂的调用链条。这个链条的起点是 main( ),终点也是 main( )。当 main( )调用完了所有的函数,它会返回一个值(如 return 0;)来结束自己的生命,从而结束整个程序。

函数是一个可以重复使用的代码块,CPU 会一条一条地挨着执行其中的代码,当遇到函数调用时,CPU 首先要记录下当前代码块中下一条代码的地址(假设地址为 0X1000),然后跳转到另外一个代码块,执行完毕后再回来继续执行 0X1000 处的代码。整个过程相当于 CPU 开了一个小差,暂时放下手中的工作去做点别的事情,做完了再继续刚才的工作。

从上面的分析可以推断出,在所有函数之外进行加减乘除运算、使用 if...else 语句、调用一个函数等都是没有意义的,这些代码位于整个函数调用链条之外,永远都不会被执行到。C 语言也禁止出现这种情况,会报语法错误,请看下面的代码:

```
#include <stdio.h>
int a = 10, b = 20, c;
//错误:不能出现加减乘除运算
c = a + b;
//错误:不能出现对其他函数的调用
printf("www.baidu.com");
int main(){
    return 0;
}
```

6.函数参数

如果把函数比喻成一台机器,那么参数就是原材料,返回值就是最终产品;从一定程度上讲,函数的作用就是根据不同的参数产生不同的返回值。C 语言函数的参数会出现在两个地方,分别是函数定义处和函数调用处,这两个地方的参数是有区别的。

在函数定义中出现的参数可以看作一个占位符,它没有数据,只能等到函数被调用时接收传递进来的数据,所以称为形式参数,简称形参。

函数被调用时给出的参数包含了实实在在的数据,会被函数内部的代码使用,所以称为实际参数,简称实参。

形参和实参的功能是传递数据,发生函数调用时,实参的值会传递给形参。形参和实参的区别和联系如下:

(1)形参变量只有在函数被调用时才会分配内存,调用结束后,立刻释放内存,所以形参变量只有在函数内部有效,不能在函数外部使用。

(2)实参可以是常量、变量、表达式、函数等,无论实参是何种类型的数据,在进行函数调用时,它们都必须有确定的值,以便把这些值传送给形参,所以应该提前用赋值、输入等办法使实参获得确定值。

(3)实参和形参在数量上、类型上、顺序上必须严格一致,否则会发生"类型不匹配"的错误。当然,如果能够进行自动类型转换,或者进行了强制类型转换,那么实参类型也可以不同于形参类型。

(4)函数调用中发生的数据传递是单向的,只能把实参的值传递给形参,而不能把形参的值反向地传递给实参。换句话说,一旦完成数据的传递,实参和形参就再也没有瓜葛了,所以,在函数调用过程中,形参的值发生改变并不会影响实参。

请看下面的例子:

```
#include <stdio.h>
//计算从 m 加到 n 的值
int sum(int m, int n){
    int i;
    for (i = m+1; i <= n; ++i){
        m += i;
    }
    return m;
}
int main(){
    int a, b, total;
    printf("Input two numbers: ");
    scanf("%d %d", &a, &b);
    total = sum(a, b);
    printf("a=%d, b=%d\n", a, b);
    printf("total=%d\n", total);
    return 0;
}
```

运行结果:

```
Input two numbers: 1 100
a=1, b=100
total=5050
```

在这段代码中,函数定义处的 m、n 是形参,函数调用处的 a、b 是实参。通过 scanf()可以读取用户输入的数据,并赋值给 a、b,在调用 sum()函数时,这份数据会传递给形参 m、n。

从运行情况看,输入 a 值为 1,即实参 a 的值为 1,把这个值传递给函数 sum()后,形参 m 的初始值也为 1，在函数执行过程中，形参 m 的值变为 5050。函数运行结束后，输出实参 a 的值仍为 1，可见实参的值不会随形参的变化而变化。

以上调用 sum( )时是将变量作为函数实参，除此以外，也可以将常量、表达式、函数返回值作为实参，如下所示：

```
total = sum(10, 98);                  //将常量作为实参
total = sum(a+10, b-3);               //将表达式作为实参
total = sum( pow(2,2), abs(-100));    //将函数返回值作为实参
```

(5)形参和实参虽然可以同名，但它们之间是相互独立的，互不影响，因为实参在函数外部有效，而形参在函数内部有效。

更改上面的代码，让实参和形参同名，如：

```
#include <stdio.h>
//计算从 m 加到 n 的值
int sum(int m, int n){
  int i;
  for (i = m + 1; i <= n; ++i){
    m += i;
  }
  return m;
}
int main(){
  int m, n, total;
  printf("Input two numbers: ");
  scanf("%d %d", &m, &n);
  total = sum(m, n);
  printf("m=%d, n=%d\n", m, n);
  printf("total=%d\n", total);
  return 0;
}
```

运行结果：

```
Input two numbers: 1 100
m=1, n=100
total=5050
```

调用 sum( )函数后，函数内部的形参 m 的值已经发生了变化，而函数外部的实参 m 的值依然保持不变，可见它们是相互独立的两个变量，除了传递参数的一瞬间，其他时候是没有瓜葛的。

学习领航

马伟明，我国电气工程领域专家，中国工程院院士，中国人民解放军海军工程大学教授、舰船综合电力技术国防科技重点实验室主任，中国科学技术协会第十届全国委员会副主席。马伟明院士用了整整 20 年的时间，研发成功了最新一代的中压直流综合电力系统，中国也因此成为世界上第一个在舰艇上实现中压直流综合电力系统的国家。这一技术水平，反超国外至少 10 年。

任务二 OLED 屏显示电机状态

任务引入

OLED(Organic Light Emitting Diode)，即有机发光显示屏，在显示屏幕的应用领域属于新崛起的种类，被誉为“梦幻显示屏”。它无需背光灯，而是“主动发光”。以 BenQ Joybee180 的 OLED 液晶屏为例，它摒弃了传统 LCD 的缺点，每个像素都可自行发光，不管在什么角度什么光线下都可以比传统 LCD 显示更加清晰的画面，而且环境越黑屏幕越亮，犹如夜间的莹彩精灵。下面我们就来看看如何用 OLED 屏显示直流电机状态信息，如图 6-2-1 所示。

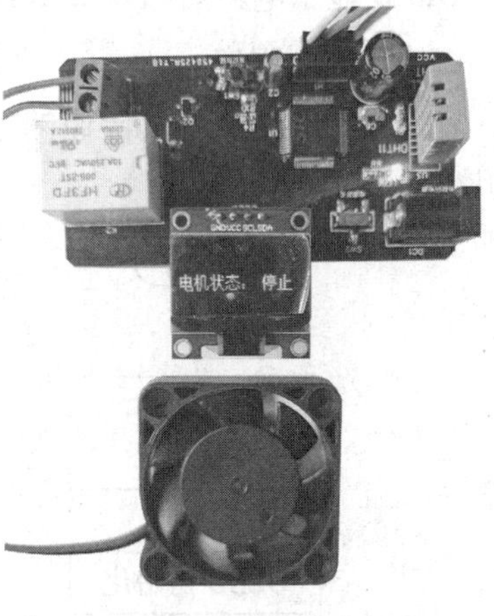

图 6-2-1 OLED 显示电机状态效果图

任务要求

(1)会识别 OLED 显示电路原理图；

(2)知道程序流程图及结构；

(3)知道 OLED 工作原理；

(4)会编写控制程序。

准备工作

(1)器材准备：单片机电路板一块，OLED 显示屏一块，直流电机一台。

(2)工具准备：白色 A4 纸一张、作图工具一套、笔一支。

作业流程图

器材准备好后请按图 6-2-2 进行作业。

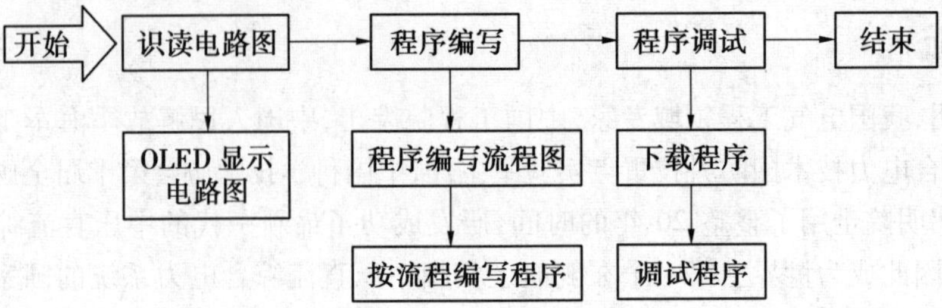

图 6-2-2 任务作业流程图

作业过程

1.识读电路图

OLED 显示电路图如 6-2-3 所示。

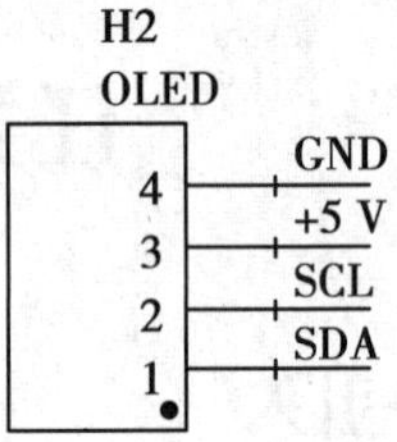

图 6-2-3 OLED 显示电路图

2.编写控制程序

(1)控制 OLED 显示按如图 6-2-4 所示的流程执行程序。

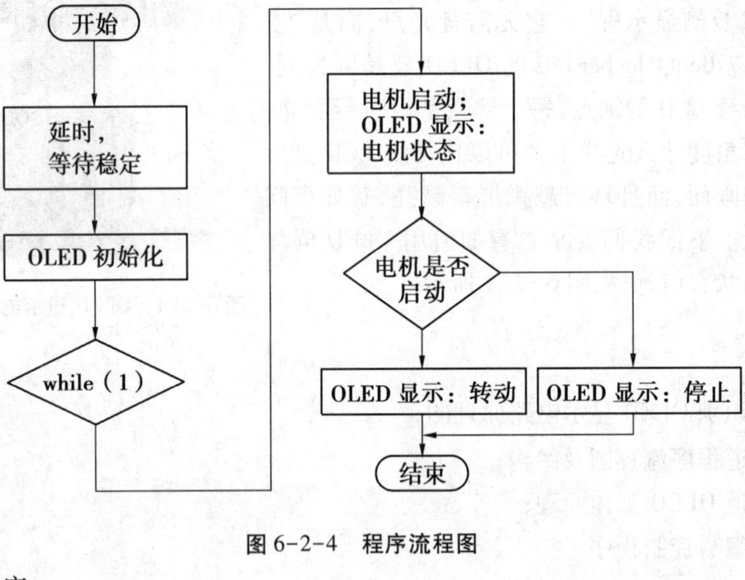

图 6-2-4 程序流程图

(2)源程序：

```
//#include "reg52.h"
#include "intrins.h"
#include "codetab.h"
#include "LQ12864.h"
#include <math.h>

sbit dianji=P3^6;                          //电机所用引脚
```

```
void main(void)
{
//Delay1ms2(30);                      //DHT11 上电后等待一段时间,跳过不稳
                                        定期

  OLED_Init();                        //OLED 初始化
  delay(4000);
  OLED_CLS();                         //清屏
  while(1)
  {
    dianji=1;                         //打开电机
    OLED_P16x16Ch(0,4,4);             //电
    OLED_P16x16Ch(16,4,5);            //机
    OLED_P16x16Ch(32,4,6);            //状
    OLED_P16x16Ch(48,4,7);            //态
    OLED_P16x16Ch(64,4,15);           //:
    if(dianji==1)                     //判断电机是否启动
    {
    OLED_P16x16Ch(86,4,10);           //转
    OLED_P16x16Ch(102,4,11);          //动
    }
    else
    {
        OLED_P16x16Ch(86,4,8);        //停
      OLED_P16x16Ch(102,4,9);         //止
    }
  }
}
```

3.程序调试

(1)下载程序:将程序下载到芯片中。

(2)调试程序:程序正常后效果如图 6-2-5 所示。

在这个任务中学会 OLED 显示控制,实现动态显示电机状态。

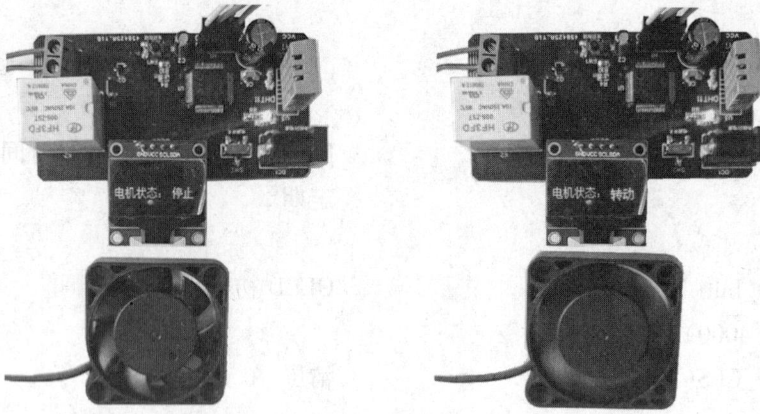

图 6-2-5 程序效果图

想一想

如果要显示其他信息,应如何编程实现功能?

做一做

编程显示“社会主义好”。

自评

项目内容	完成要求	分配分值/分	完成情况	自评分值
编写显示电机状态程序	程序结构正确	20		
	源程序正确	20		
调试显示电机状态程序	调试程序正确	20		
编程显示“社会主义好”程序	程序结构正确	20		
	源程序正确	20		

知识探究

1.OLED

OLED 又称为有机电激光显示、有机发光半导体,由美籍华裔教授邓青云于 1979 年在实验室中发现。OLED 显示技术具有自发光、广视角、几乎无穷高的对比度、较低耗电、极高反应速度等优点。

OLED 是一种由柯达公司开发并拥有专利的显示技术，这项技术使用有机聚合材料作为发光二极管中的半导体（semiconductor）材料。

OLED 显示技术广泛运用于手机、数码摄像机、DVD 机、个人数字助理（PDA）、笔记本电脑、汽车音响和电视。OLED 显示器很薄很轻，因为它不使用背光。OLED 显示器还有一个最大为 170°的宽屏视角，其工作电压为 2~10 V。

基于 OLED 的新技术有软性有机发光显示技术（Flexible OLED，FOLED），这项技术有可能在将来使得高度可携带、折叠的显示技术变为可能。

OLED 的驱动方式分为被动式驱动（无源驱动）和主动式驱动（有源驱动）。

1）无源驱动（PM OLED）

无源驱动分为静态驱动方式和动态驱动方式。

（1）静态驱动方式。在静态驱动的有机发光显示器件上，一般各有机电致发光像素的阴极是连在一起引出的，各像素的阳极是分立引出的，这就是共阴的连接方式。若要一个像素发光只要让恒流源的电压与阴极的电压之差大于像素发光值的前提下，像素将在恒流源的驱动下发光，若要一个像素不发光就将它的阳极接在一个负电压上，使它反向截止。但是在图像变化比较多时可能出现交叉效应，为了避免这种情况，我们必须采用交流的形式。静态驱动电路一般用于段式显示屏的驱动上。

（2）动态驱动方式。在动态驱动的有机发光显示器上，人们把像素的两个电极做成了矩阵型结构，即水平一组显示像素的同一性质的电极是共用的，纵向一组显示像素的相同性质的另一电极是共用的。如果像素可分为 N 行和 M 列，就可有 N 个行电极和 M 个列电极。行和列分别对应发光像素的两个电极，即阴极和阳极。在实际电路驱动的过程中，要逐行点亮或者要逐列点亮像素，通常采用逐行扫描的方式，行扫描，列电极为数据电极。实现方式是：循环地给每行电极施加脉冲，同时所有列电极给出该行像素的驱动电流脉冲，从而实现一行所有像素的显示。该行不再同一行或同一列的像素就加上反向电压使其不显示，以避免“交叉效应”。扫描是逐行顺序进行的，扫描所有行所需时间称为帧周期。

在一帧中每一行的选择时间是均等的。假设一帧的扫描行数为 N，扫描一帧的时间为 1，那么一行所占有的选择时间为一帧时间的 $1/N$，该值称为占空比系数。在同等电流下，扫描行数增多将使占空比下降，从而引起有机电致发光像素上的电流注入在一帧中的有效下降，降低了显示质量。因此，随着显示像素的增多，为了保证显示质量，就需要适度地提高驱动电流或采用双屏电极机构以提高占空比系数。

除由于电极的公用形成交叉效应外，有机发光显示屏中正负电荷载流子复合形成发光的机理使任何两个发光像素，只要组成它们结构的任何一种功能膜是直接连接在一起的，那两个发光像素之间就可能有相互串扰的现象，即一个像素发光，另一个像素也可能发出微弱的光。这种现象主要是有机功能薄膜厚度均匀性差，薄膜的横向绝缘性差造成的。从驱动的角度，为了减缓这种不利的串扰，采取反向截至法是一个行之有效的方法。

带灰度控制的显示:显示器的灰度等级是指黑白图像由黑色到白色的亮度层次。灰度等级越多,图像从黑到白的层次就越丰富,细节也就越清晰。灰度对图像显示和彩色化都是一个非常重要的指标。一般用于有灰度显示的屏多为点阵显示屏,其驱动也多为动态驱动,实现灰度控制的几种方法有:控制法、空间灰度调制、时间灰度调制。

2)有源驱动

有源驱动的每个像素都配备有具有开关功能的低温多晶硅薄膜晶体管(Low Temperature Poly-Si Thin Film Transistor, LTP-Si TFT),而且每个像素配备一个电荷存储电容,外围驱动电路和显示阵列整个系统集成在同一玻璃基板上。与 LCD 相同的 TFT 结构,无法用于 OLED。这是因为 LCD 采用电压驱动,而 OLED 却依赖电流驱动,其亮度与电流量成正比,因此除进行 ON/OFF 切换动作的选址 TFT 之外,还需要能让足够电流通过的导通阻抗较低的小型驱动 TFT。

有源驱动属于静态驱动方式,具有存储效应,可进行 100%负载驱动,这种驱动不受扫描电极数的限制,可以对各像素独立进行选择性调节。

有源驱动无占空比问题,驱动不受扫描电极数的限制,易实现高亮度和高分辨率。

有源驱动可以对亮度的红色和蓝色像素独立进行灰度调节驱动,这更有利于 OLED 彩色化实现。

有源矩阵的驱动电路藏于显示屏内,更易于实现集成度和小型化。另外有源矩阵驱动电路解决了外围驱动电路与屏的连接问题,这在一定程度上提高了成品率和可靠性。

3)两者比较(见表 6-2-1)

表 6-2-1 被动式与主动式的优缺点

被动式	主动式
瞬间高高密度发光(动态驱动/有选择性)	连续发光(稳态驱动)
面板外附加 IC 芯片	TFT 驱动电路设计/内藏薄膜型驱动 IC
线逐步式扫描	线逐步式抹写数据
阶调控制容易	在 TFT 基板上形成有机 EL 画像素
低成本/高电压驱动	低电压驱动/低耗电能/高成本
设计变更容易、交货期短(制造简单)	发光组件寿命长(制程复杂)
简单式矩阵驱动+OLED LTPS	TFT+OLED

2.C 字符串

字符串是一种非常重要的数据类型,但是 C 语言不存在显式的字符串类型,C 语言中的字符串都以字符串常量的形式出现或存储在字符数组中。同时,C 语言提供了一系列库函数来操作字符串,这些库函数都包含在头文件 string.h 中。

1)字符串常量和字符数组

(1)什么是字符串常量?

C 语言虽然没有字符串类型,但是 C 语言是存在字符串这个概念的,也就是字符串常量,即以 NUL 字节结尾的 0 个或多个字符组成的序列。字符串常量是不可被修改的,一般用一对双引号(" ")括起的一串字符来表示字符串常量,如:"Hello!","\aWangcheng!\a","123abc\n",""。

字符串常量可以为空,如""就是一个空的字符串常量,但即使为空,还是存在一个终止符 NUL(在 C 语言中,常用转义字符\0 来表示 NUL)。

(2)字符串常量与指针。

字符串常量与指针关系密切,因为字符串常量的值,实际上表示的是存储这些字符的内存空间的地址,更准确地说是字符串常量中第 1 个字符的地址,而不是这些字符本身。因此,在 C 语言中是不能直接进行字符串赋值的(因为没有字符串类型)。在 C 语言中,常通过声明一个指向 char 类型的指针并将其初始化为一个字符串常量的方式来访问一个字符串,如:

```
char *message = "Hello World!";
// 上面的语句也可以拆分成下面两句:
char *message;
message = "Hello World!";              //这句话看起来像是字符串复制,其实不
                                          是,只是涉及指针操作
```

上述语句声明了一个指向 char 类型的指针,并用字符串常量中第 1 个字符的地址对该指针进行初始化。可以通过字符指针 message 来访问字符串常量:

```
#include <stdio.h>
int main()
{
   char *message = "Hello World!";
   printf("%s\n",message);
   while(*message != '\0'){
      printf("%c ", *message++);
   }
   printf("\n");
   return 0;
}
/* output:
 * Hello World!
 * H e l l o   W o r l d !
 */
```

这段代码,使用字符指针遍历了字符串常量中的每一个字符。

(3)字符数组。

用于存放字符的数组称为字符数组。在C语言中,除字符串常量外,其他所有字符串都必须存储于字符数组或动态分配的内存中。定义一个字符数组和定义一个普通数组一样,不同的是,字符数组中存放的是字符数据而已,如:

```
char charArray[ ] = {'H','e','l','l','o'};  // 声明并初始化一个字符数组
```

这句话定义并初始化了一个字符数组 charArray。这个数组的长度实际上为6,因为会自动添加一个字符串结束符 '\0'。

C语言提供了一种更简洁的方法来对字符数组进行初始化:

```
char charArray[ ] = "Hello World!";      // 声明并初始化一个字符数组
```

上述两种声明方式等价。

可以对一个字符数组做出修改:

```
#include <stdio.h>
#include <string.h>

int main( )
{
  char str[ ] = "hello world!";
  int len = strlen(str);
  int i;
  for(i = 0; i < len; i++){
    if( str[i] <= 'z' && str[i] >= 'a'){
      str[i] = str[i] - 32;
    }
  }
  printf("%s\n",str);
}
```

这段代码可以将字符数组中的小写字母转换成大写字母后输出。

字符串常量与字符数组的区别:

①字符串常量是一个字符数组,但是内容和长度在初始化时就已经固定了,不可更改;可以通过一个指向字符串常量第一个元素的指针来访问该字符串常量;

②字符数组是一个用于存放字符的数组,字符数组的值是可以更改的。

2)获取字符串长度

字符串的长度就是这个字符串所包含字符的个数,但是这个长度是不包含NUL字符的。C语言中使用库函数 strlen 来计算字符串长度:

```
size_t strlen(char const * string);
```

需要注意的是 strlen 的返回值类型:size_t 类型,这是一个无符号整数类型。

```
#include <stdio.h>
#include <stdlib.h>
#include <string.h>
int main()
{
   char str1[] = "Hello World!";
   printf("%d\n",strlen(str1));

   return 0;
}
/* output:
 * 12
 */
```

3)复制字符串

C 语言中使用库函数 strcpy 来进行字符串复制操作:

```
char *strcpy(char *dst,char const *src);
```

函数 strcpy 接收两个字符串参数,并将参数 src 字符串复制到 dst 参数。使用 strcpy 函数时需要注意的是,必须保证目标字符数组 dst 的长度足够存放源字符数组 src 的内容。如果 src 比 dst 长,则 src 剩余部分的字符仍会被复制,而且它们会覆盖 dst 后面的内存空间的值,因此如果内存空间原本就存放有值,则会导致原本的数据丢失,这样会造成很严重的后果。为了解决这个问题,C 语言中提供了一种更为安全的方式来进行字符串复制操作——strncpy 函数:

```
char *strncpy(char *dst,char const *src,size_t len);
```

strncpy 函数有三个参数,与 strcpy 函数一样,它也是将 src 字符串中的字符复制到目标数组 dst 中去,但是 strncpy 函数提供的第三个参数 len 规定了可以向 dst 中写入的字符的个数:

(1)如果 strlen(src)>len,则只有 len 个字符被复制到 dst 中去,此时 dst 不会以 NUL 字节结尾(也就是说,strncpy 调用的结果可能不是一个字符串);

(2)如果 strlen(src)<len,则 src 中的字符全被复制到 dst 中去,dst 中剩余的部分用 NUL 填充。

4)连接字符串

C 语言中使用库函数 strcat 来连接两个字符串:

```
char *strcat(char *dst,char const *src);
```

函数 strcat 将参数 src 字符串连接到参数 dst 字符串的后面。一个与 strcpy 函数相同的问题是,必须保证 dst 的剩余空间足够存放下 src 整个字符串。C 语言中提供了 strncat

函数来解决这个问题：

char ＊strncat(char ＊dst,char const ＊src,size_t len)；

strncat 函数从 src 中最多复制 len 个字符到目标数组 dst 后面，并且，strncat 总是在结果字符串后面添加一个 NUL 字节，而且不会像 strncpy 函数那样对 dst 剩余的空间用 NUL 进行填充。

5)字符串比较

C 语言中使用库函数 strcmp 来进行字符串比较。strcmp 函数会对被比较的两个字符串进行逐字符比较，直到发现不匹配为止：最先不匹配的字符中较小的那个字符所对应的字符串即被认为小于另一个字符串；如果两者所有字符都匹配，则认为这两个字符串相等：

int strcmp(char const ＊s1,char sonst ＊s2)；

该函数的返回值如下：

(1)s1 小于 s2，返回一个负值；

(2)s1 等于 s2，返回 0；

(3)s1 大于 s2，返回一个正值。

char ＊strncmp(char const ＊s1,char const ＊s2,size_t len)；

可以使用 strncmp 函数限定比较的字符的个数，返回值与 strcmp 一样，但是只针对前 len 个字符进行比较。

6)字符串的查找

(1)查找一个字符：

可以使用 strchr 函数或 strrchr 函数在一个字符串中查找一个特定的字符：

char ＊strchr(char const ＊str,int ch)； // int ch 是字符的 ASCII 码值

char ＊strrchr(char const ＊str,int ch)；

函数 strchr 在字符串 str 中查找字符 ch 第一次出现的位置，并返回一个指向该位置的指针；如果没有找到相应的字符，则返回一个 NULL 指针。函数 strrchr 在字符串中查找字符 ch 最后一次出现的位置，并返回指向该位置的指针。

(2)查找任意几个字符：

可以使用 strpbrk 函数来查找任何一组字符第一次在字符串中出现的位置：

char ＊strpbrk(char const ＊str,char const ＊group)；

这个函数返回一个指向字符串 str 中第一个匹配 group 的任何一个字符的字符位置，如果没有匹配到，则返回一个 NULL 指针。

(3)查找一个子串：

可以使用 strstr 函数在一个字符串中查找一个子串：

char ＊strstr(char const ＊str1,char const ＊str2)；

这个函数在 str1 中查找整个字符串 str2 第一次出现的起始位置，并返回一个指向该位置的指针；如果 str2 并没有完整地出现在 str1 中，则函数将返回一个 NULL 指针；如果

str2 是一个空字符串,则返回 str1。

3.OLED **汉字取模**

1)汉字取模

(1)打开取模软件,如图 6-2-6 所示。

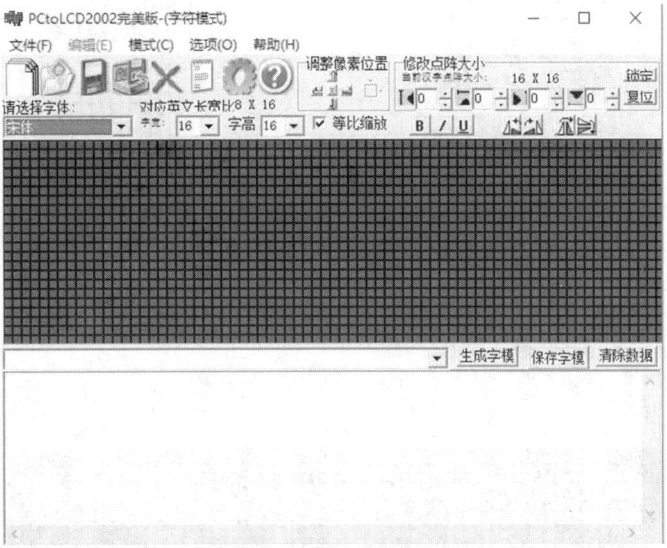

图 6-2-6　打开取模软件图

(2)选择字符模式,如图 6-2-7 所示。

图 6-2-7　选择字符模式图

(3)设置取模方式,如图 6-2-8 所示。

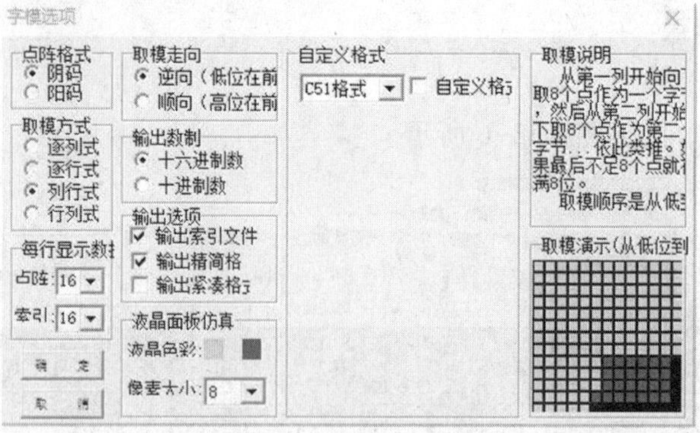

图 6-2-8 设置取模方式图

取模效果如图 6-2-9 所示。

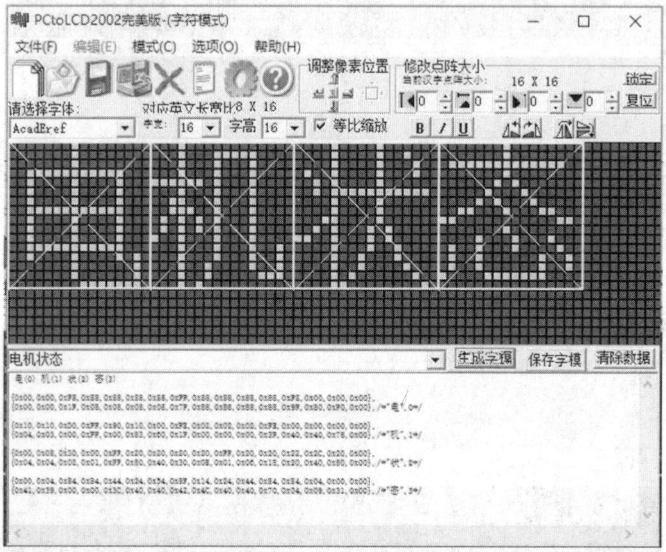

图 6-2-9 取模效果图

(4)编写代码:

{0x00,0x00,0xF8,0x88,0x88,0x88,0x88,0xFF,0x88,0x88,0x88,0x88,0xF8,0x00,0x00,0x00},

{0x00,0x00,0x1F,0x08,0x08,0x08,0x08,0x7F,0x88,0x88,0x88,0x88,0x9F,0x80,0xF0,0x00},/＊ "电",0＊/

{0x10,0x10,0xD0,0xFF,0x90,0x10,0x00,0xFE,0x02,0x02,0x02,0xFE,0x00,0x00,0x00,0x00},

{0x04,0x03,0x00,0xFF,0x00,0x83,0x60,0x1F,0x00,0x00,0x00,0x3F,0x40,0x40,0x78,0x00},/＊" 机",1＊/

{0x00,0x08,0x30,0x00,0xFF,0x20,0x20,0x20,0x20,0xFF,0x20,0x20,0x22,0x2C,0x20,0x00},

{0x04,0x04,0x02,0x01,0xFF,0x80,0x40,0x30,0x0E,0x01,0x06,0x18,0x20,0x40,0x80,0x00},/＊"　状",2＊/

{0x00,0x04,0x84,0x84,0x44,0x24,0x54,0x8F,0x14,0x24,0x44,0x84,0x84,0x04,0x00,0x00},

{0x41,0x39,0x00,0x00,0x3C,0x40,0x40,0x42,0x4C,0x40,0x40,0x70,0x04,0x09,0x31,0x00},/＊"　态",3＊/

将上面的代码复制到 codetab.h 文件中,如图 6-2-10 所示。

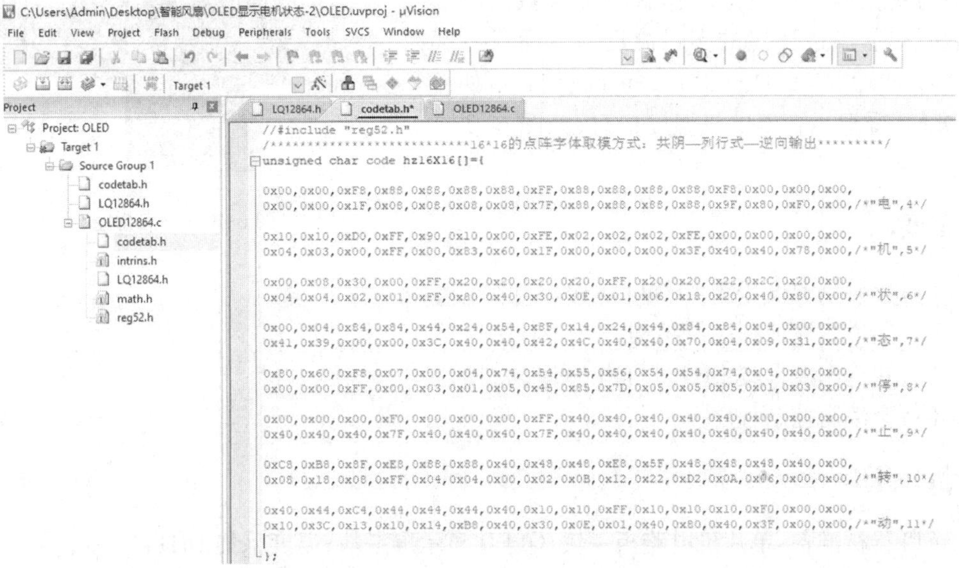

图 6-2-10　装入代码图

(5)显示汉字。在主函数中调用相应的函数就可以显示汉字了。

```
OLED_P16x16Ch(0,4,4);//电
OLED_P16x16Ch(16,4,5);//机
OLED_P16x16Ch(32,4,6);//状
OLED_P16x16Ch(48,4,7);//态
```

学习领航

OLED(Organic Light-Emitting Diode)即有机发光二极管,在手机 OLED 上属于新型产品,被称誉为“梦幻显示器”。OLED 显示技术与传统的 LCD 显示方式不同,无须背光灯,采用非常薄的有机材料涂层和玻璃基板(或柔性有机基板),当有电流通过时,这些有机材料就会发光。而且 OLED 显示屏幕可以做得更轻更薄,可视角度更大,并且能够显著节省耗电量。让我们把“全民热爱祖国、热爱党、热爱社会主义制度,拥有为国家独立富强奋斗和献身的精神”显示在 OLED 屏上,并记在永远心中吧。

任务三　温度的采集与显示

任务引入

在电机工作的过程中我们要随时根据周边环境的变化调整电机的工作状态和参数。所以我们要知道周边环境的实时温度。下面我一起来学习温度采集 DHT11 芯片,并让我们看看如何用 OLED 屏显示直流电机温度信息,如图 6-3-1 所示。

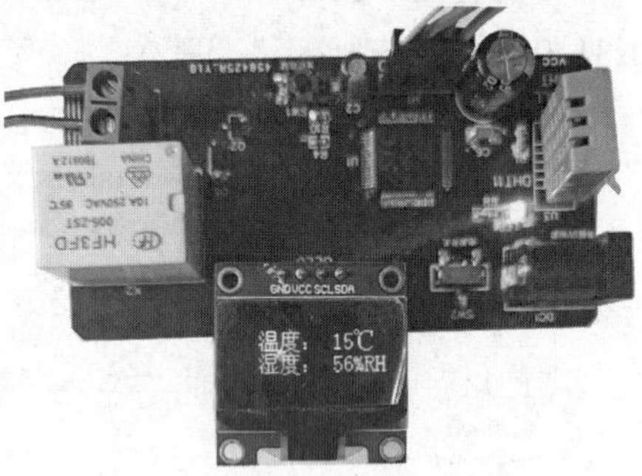

图 6-3-1　实物图

任务要求

(1)会识别温度采集 DHT11 电路原理图;

(2)知道程序流程图及结构;

(3)知道温度采集 DHT11 工作原理;

(4)会编写控制程序。

准备工作

(1)器材准备:单片机电路板一块、OLED 显示屏一块、温度采集 DHT11 一块。

(2)工具准备:白色 A4 纸一张、作图工具一套、笔一支。

作业流程图

器材准备好后请按图 6-3-2 进行作业。

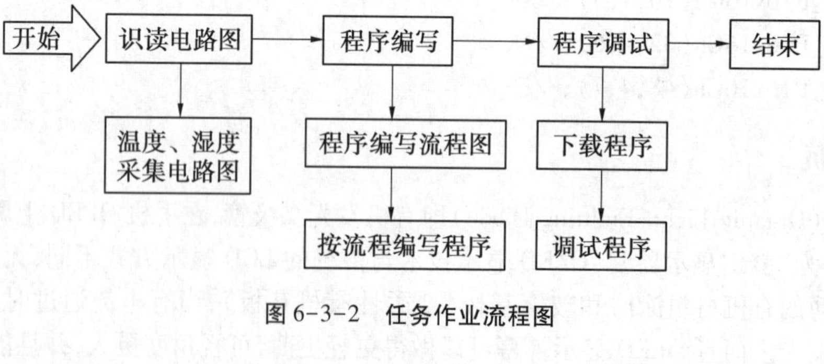

图 6-3-2　任务作业流程图

作业过程

1.识读电路图

DHT11 采集环境温、湿度电路图如 6-3-3 所示。

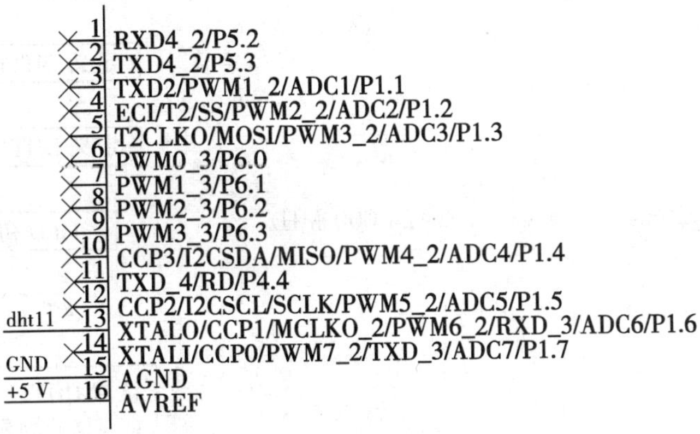

（a）单片机控制引脚图

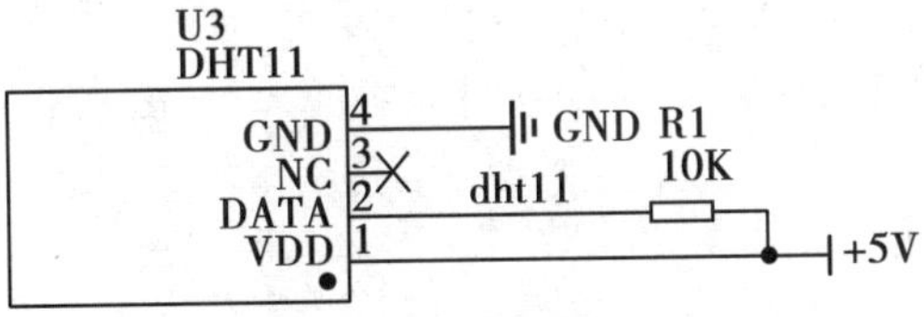

（b）DHT11 接线图

图 6-3-3　DHT11 接线图

2.编写控制程序

(1)控制 OLED 显示温度按如下流程执行程序,如图 6-3-4 所示。

(2)源程序:

```
#include "intrins.h"
#include "codetab.h"
#include "LQ12864.h"
#include <math.h>
#define uchar unsigned char
#define uint unsigned int

sbit Data=P1^6;//DHT11 数据线引脚
unsigned int sdz=0,wdz=0;
unsigned char tabwd[4],dity[4],RH=0,TH=0,RL=0,TL=0;
```

```
void Delay2us()             //@24.000 MHz
{
    unsigned char i;

    _nop_();
    i=5;
    while (--i);
}

void Delay20ms()             //@24.000 MHz
{
    unsigned char i, j, k;

    i = 2;
    j = 32;
    k = 60;
    do
    {
        do
        {
            while (--k);
        } while (--j);
    } while (--i);
}

void Delay10us()             //@24.000 MHz
{
    unsigned char i;

    i = 35;
    while (--i);
}

void DHT11_start()
{
    Data=1;
    Delay2us();
```

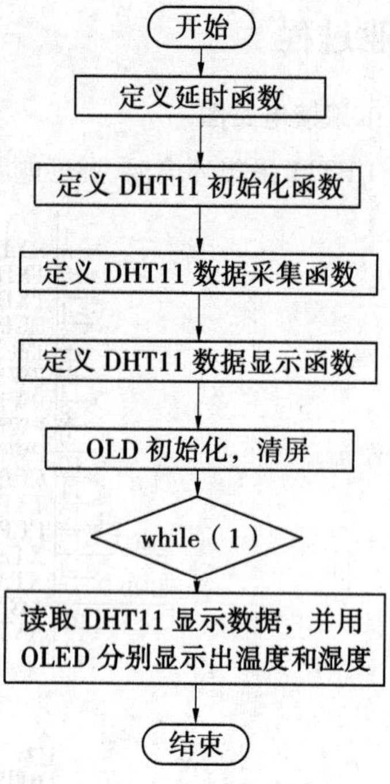

图 6-3-4 程序流程图

```
    Data=0;
    Delay20ms();
    Data=1;
    Delay10us();
    Delay10us();
    Delay10us();
    Delay10us();
}

unsigned char DHT11_rec_byte()              //接收一个字节
{
    uchar i,dat=0;
    for(i=0;i<8;i++)                        //从高到低依次接收 8 位数据
    {
        while(! Data);                      //等待 50 μs 低电平过去
      Delay10us();                          //延时 60 μs,如果还为高侧数据为 1,否则
                                              为 0

      Delay10us();
      Delay10us();
    Delay10us();
        dat<<=1;                            //位移使正确接收 8 位数据,数据为 0 时
                                              直接移位

        //if(Data==1)                       //数据为 1 时,使 dat 加 1 来接收数据 1
        //  dat+=1;
        dat |= Data;
        while(Data);                        //等待数据线拉低
    }
    return dat;
}

void DHT11_receive()
{
    uchar R_H,R_L,T_H,T_L,revise;
    DHT11_start();
    if(Data==0)
    {
      while(Data==0);                       //等待拉高
```

```
    Delay10us();                          //拉高后延时
    while(Data==1);                       //DHT 拉高

    R_H=DHT11_rec_byte();                 //接收湿度高 8 位
    R_L=DHT11_rec_byte();                 //接收湿度低 8 位
    T_H=DHT11_rec_byte();                 //接收温度高 8 位
    T_L=DHT11_rec_byte();                 //接收温度低 8 位
    revise=DHT11_rec_byte();              //接收校正位
    Delay10us();//结束
    Delay10us();
    Delay2us();
    Delay2us();
    Delay2us();
    if((R_H+R_L+T_H+T_L)==revise)
    {
      RH=R_H;
      RL=R_L;
      TH=T_H;
      TL=T_L;
    }
  }
  sdz=(int)RH;                            //把湿度数据转换为十进制数据
  wdz=(int)TH;                            //把温度数据转换为十进制数据
}

void main(void)
{
  OLED_Init();                            //OLED 初始化
  delay(4000);
  OLED_CLS();                             //清屏
  while(1)
  {
      DHT11_receive();
    if((wdz/100%10)==0)                   //判断百位是否为 0
      tabwd[0]=' ';                       //给百位数组赋值
    else
      tabwd[0]=wdz/100%10+0x30;           //给百位数组赋值
```

```
    tabwd[1]=wdz/10%10+0x30;          //给十位数组赋值
    tabwd[2]=wdz%10+0x30;             //给个位数组赋值
    tabwd[3]=0x00;
    OLED_P16x16Ch(24,2,0);            //温
    OLED_P16x16Ch(40,2,1);            //度
    OLED_P16x16Ch(56,2,15);           //:
    OLED_P8x16Str(72,2,tabwd);
    OLED_P16x16Ch(96,2,14);           //℃
    if((sdz/100%10)==0)               //判断百位是否为0
      dity[0]=' ';                    //给百位数组赋值
    else
      dity[0]=sdz/100%10+0x30;        //给百位数组赋值
    dity[1]=sdz/10%10+0x30;           //给十位数组赋值
    dity[2]=sdz%10+0x30;              //给个位数组赋值
    dity[3]=0x00;
    OLED_P16x16Ch(24,4,2);            //湿
    OLED_P16x16Ch(40,4,3);            //度
    OLED_P16x16Ch(56,4,15);           //:
    OLED_P8x16Str(72,4,dity);
    OLED_P8x16Str(96,4,"%RH");        //%RH
  }
}
```

3.程序调试

(1)下载程序:将程序下载到芯片中。

(2)调试程序:程序正常后效果如图 6-3-5 所示。

图 6-3-5　程序效果图

在这个任务中学会了 OLED 正确显示 DHT11 采集的信息,实现采集和显示同步工作。

想一想

如果要显示其他信息,如何编程实现功能?

做一做

编写显示“2022 北京冬奥会!”。

自评

项目内容	完成要求	分配分值/分	完成情况	自评分值
编写程序	程序结构正确	20		
	源程序正确	20		
调试程序	调试程序正确	20		
显示环境温度程序	程序结构正确	20		
	源程序正确	20		

知识探究

1.DHT11

DHT11 是一款有已校准数字信号输出的温湿度传感器。其精度湿度±5%RH,温度±2 ℃,量程湿度 20%~90%RH,温度 0~50 ℃。

1)产品概述

DHT11 数字温湿度传感器是一款含有已校准数字信号输出的温湿度复合传感器,它应用专用的数字模块采集技术和温湿度传感技术,确保产品具有极高的可靠性和卓越的长期稳定性。传感器包括一个电阻式感湿元件和一个 NTC 测温元件,并与一个高性能 8 位单片机连接。因此,该产品具有品质卓越、超快响应、抗干扰能力强、性价比极高等优点。每个 DHT11 传感器都在极为精确的湿度校验室中进行校准。校准系数以程序的形式存在 OTP 内存中,传感器内部在检测信号的处理过程中要调用这些校准系数。单线制串行接口,使系统集成变得简易快捷。超小的体积、极低的功耗,使其成为该类应用中在苛刻应用场合的最佳选择。产品为 4 针单排引脚封装,连接方便。

2)应用领域

暖通空调、测试及检测设备、汽车数据记录器、消费品、自动控制、气象站、家电、湿度调节器、医疗除湿器等方面。

3)特性

(1)相对湿度和温度测量全部校准,数字输出卓越的长期稳定性。

(2)无需额外部件超长的信号传输距离。

(3)超低能耗。

(4)引脚安装。

4)应用信息

(1)工作与储存条件。

超出建议的工作范围可能导致高达3%RH的临时性漂移信号。返回正常工作条件后,传感器会缓慢地向校准状态恢复。在非正常工作条件下长时间使用会加速产品的老化过程。

暴露在化学物质中电阻式湿度传感器的感应层会受到化学蒸汽的干扰,化学物质在感应层中的扩散可能导致测量值漂移和灵敏度下降。在一个纯净的环境中,污染物质会缓慢地释放出去。下文所述的恢复处理将加速实现这一过程。高浓度的化学污染会导致传感器感应层的彻底损坏。

(2)恢复处理。

置于极限工作条件下或化学蒸汽中的传感器,通过如下处理程序,可使其恢复到校准时的状态。在50~60 ℃和<10%RH的湿度条件下保持2 h(烘干),随后在20~30 ℃和>70%RH的湿度条件下保持5 h以上。

(3)温度影响。

气体的相对湿度,在很大程度上依赖于温度。因此,在测量湿度时,应尽可能保证湿度传感器在同一温度下工作。如果与释放热量的电子元件共用一个印刷线路板,在安装时应尽可能将DHT11远离电子元件,并安装在热源下方,同时保持外壳的良好通风。为降低热传导,DHT11与印刷电路板其他部分的铜镀层应尽可能小,并在两者之间留出一道缝隙。

(4)光线。

长时间暴露在太阳光下或强烈的紫外线辐射中,会使DHT11性能降低。

(5)配线注意事项。

DATA信号线材质量会影响通信距离和通信质量,推荐使用高质量屏蔽线。焊接信息手动焊接,在最高260 ℃的温度条件下接触时间须少于10 s。

(6)注意事项:

避免结露情况下使用。长期保存条件:温度10~40 ℃,湿度60%以下。

2.局部变量

定义在函数内部的变量称为局部变量,它的作用域仅限于函数内部,离开该函数后就是无效的,再使用就会报错。例如:

```
int f1(int a){
  int b,c;                          //a,b,c 仅在函数 f1()内有效
  return a+b+c;
```

```
}
int main(){
    int m,n;                                //m,n 仅在函数 main()内有效
    return 0;
}
```

几点说明:

(1)在 main 函数中定义的变量也是局部变量,只能在 main 函数中使用;同时,main 函数中也不能使用其他函数中定义的变量。main 函数也是一个函数,与其他函数地位平等。

(2)形参变量、在函数体内定义的变量都是局部变量。实参给形参传值的过程也就是给局部变量赋值的过程。

(3)可以在不同的函数中使用相同的变量名,它们表示不同的数据,分配不同的内存,互不干扰,也不会发生混淆。

(4)在语句块中也可定义变量,它的作用域只限于当前语句块。

3.全局变量

在所有函数外部定义的变量称为全局变量,它的作用域默认是整个程序,也就是所有的源文件,包括 .c 和 .h 文件。例如:

```
int a, b;                               //全局变量
void func1(){
  //TODO:
}
float x,y;                              //全局变量
int func2(){
  //TODO:
}
int main(){
  //TODO:
  return 0;
}
```

a、b、x、y 都是在函数外部定义的全局变量。C 语言代码是从前往后依次执行的,由于 x、y 定义在函数 func1()之后,所以在 func1()内无效;而 a、b 定义在源程序的开头,所以在 func1()、func2()和 main()内都有效。

4.局部变量和全局变量的综合示例

【示例 1】输出变量的值:

```
#include <stdio.h>
int n = 10;                             //全局变量
```

```
void func1(){
    int n = 20;                         //局部变量
    printf("func1 n: %d\n", n);
}
void func2(int n){
    printf("func2 n: %d\n", n);
}
void func3(){
    printf("func3 n: %d\n", n);
}

int main(){
    int n = 30;                         //局部变量
    func1();
    func2(n);
    func3();
    //代码块由{}包围
    {
        int n = 40;                     //局部变量
        printf("block n: %d\n", n);
    }
    printf("main n: %d\n", n);
    return 0;
}
```

运行结果:

```
func1 n: 20
func2 n: 30
func3 n: 10
block n: 40
main n: 30
```

代码中虽然定义了多个同名变量 n,但它们的作用域不同,在内存中的位置(地址)也不同,所以是相互独立的变量,互不影响,不会产生重复定义(Redefinition)错误。

(1)对于 func1(),输出结果为 20,显然使用的是函数内部的 n,而不是外部的 n;func2()也是相同的情况。

当全局变量和局部变量同名时,在局部范围内全局变量被"屏蔽",不再起作用。或者说,变量的使用遵循就近原则,如果在当前作用域中存在同名变量,就不会向更大的作用域中去寻找变量。

(2)func3()输出 10,使用的是全局变量,因为在 func3()函数中不存在局部变量 n,所以编译器只能到函数外部,也就是全局作用域中去寻找变量 n。

(3)由{ }包围的代码块也拥有独立的作用域,printf()使用它自己内部的变量 n,输出 40。

(4)C 语言规定,只能从小的作用域向大的作用域中去寻找变量,而不能反过来,使用更小的作用域中的变量。对于 main()函数,即使代码块中的 n 离输出语句更近,但它仍然会使用 main()函数开头定义的 n,所以输出结果是 30。

【示例 2】根据长方体的长宽高求它的体积以及三个面的面积。

```
#include <stdio.h>
int s1, s2, s3;  //面积
int vs(int a, int b, int c){
    int v;  //体积
    v = a * b * c;
    s1 = a * b;
    s2 = b * c;
    s3 = a * c;
    return v;
}
int main(){
    int v, length, width, height;
    printf("Input length, width and height: ");
    scanf("%d %d %d", &length, &width, &height);
    v = vs(length, width, height);
    printf("v=%d, s1=%d, s2=%d, s3=%d\n", v, s1, s2, s3);
    return 0;
}
```

运行结果:

```
Input length, width and height: 10 20 30
v=6000, s1=200, s2=600, s3=300
```

根据题意,我们希望借助一个函数得到三个值:体积 v 以及三个面的面积 s1、s2、s3。遗憾的是,C 语言中的函数只能有一个返回值,我们只能将其中的一份数据,也就是体积 v 放到返回值中,而将面积 s1、s2、s3 设置为全局变量。全局变量的作用域是整个程序,在函数 vs()中修改 s1、s2、s3 的值,能够影响到包括 main()在内的其他函数。

5.单总线协议

1)单总线协议(1-wire)

(1)定义:主机和从机通过 1 根线进行通信,在一条总线上可挂接的从器件数量几乎不受限制。

(2)特点:这是由达拉斯半导体公司推出的一项通信技术。它采用单根信号线,既可传输时钟,又能传输数据,而且数据传输是双向的。

(3)优点:单总线技术具有线路简单,硬件开销少,成本低廉,便于总线扩展和维护等。

2)单总线通信过程

(1)初始化:

初始化过程=复位脉冲+从机应答脉冲

主机通过拉低单总线 480~960 μs 产生复位脉冲,然后释放总线,进入接收模式。主机释放总线时,会产生低电平跳变为高电平的上升沿,单总线器件检测到上升沿之后,延时 15~60 μs,单总线器件拉低总线 60~240 μs 来产生应答脉冲。主机接收到从机的应答脉冲说明单总线器件就绪,初始化过程完成。

初始化时序图如图 6-3-6 所示:

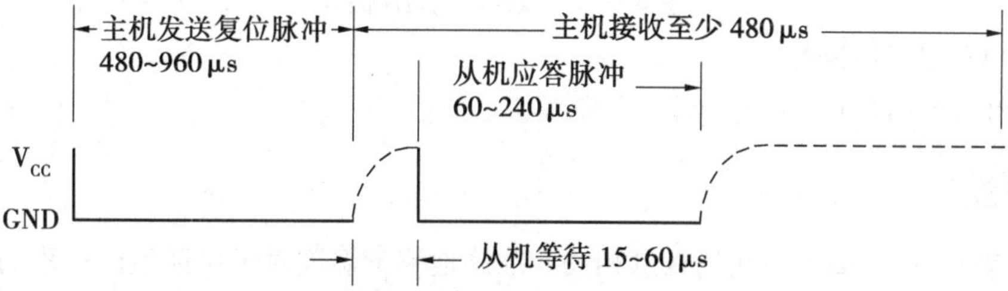

图 6-3-6 初始化时序图

(2)写时间隙有两种,包括写 0 的时间隙和写 1 的时间隙。

当数据线拉低后,在 15~60 μs 的时间窗口内对数据线进行采样。如果数据线为低电平,就写 0,如果数据线为高电平,就写 1。主机要产生一个写 1 时间隙,就必须把数据线拉低,在写时间隙开始后的 15 μs 内允许数据线拉高。主机要产生一个写 0 时间隙,就必须把数据线拉低并保持 60 μs。

写时间隙时序图如图 6-3-7 所示。

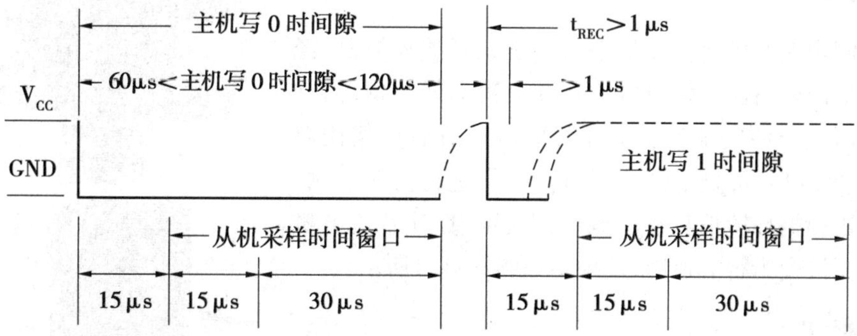

图 6-3-7 写时间隙时序图

(3)读时间隙：当主机把总线拉低是，并保持至少 1 μs 后释放总线，必须在 15 μs 内读取数据。

读时间隙时序图如图 6-3-8 所示：

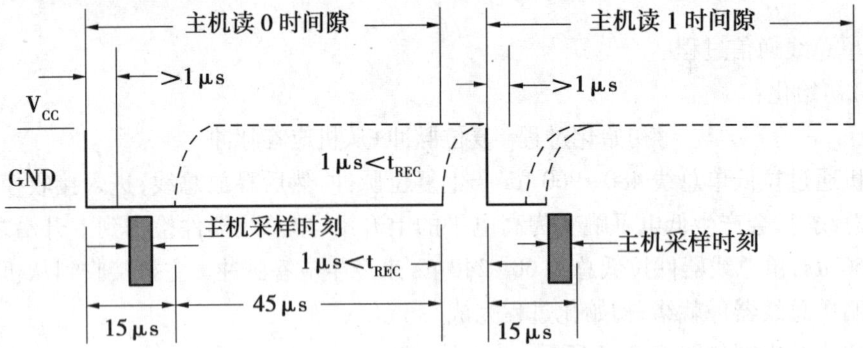

图 6-3-8 读时间隙时序图

(4)单总线通信设备：

DS18B20、DHT11 等使用的都是单总线协议通信。

学习领航

在日常生活中，温度与我们息息相关。准确地测量温度对于保证生产过程的安全和提高经济效益是十分重要的。老子说：天下难事，必做于易；天下大事，必做于细。我们要从温度控制中体会做事严谨细致的学习态度和专研精神！

任务四 制作智能风扇

任务引入

我们现在的风扇大多是手动控制或者遥控控制，经常出现不需要高速工作时电机还在高速运转的情况，这势必会造成资源的浪费。下面我们就来看看如何用温度采集和 OLED 屏显示系统对直流电机进行实时控制，实现电机根据环境信息自动调整相关信息，让直流电机从人控制转变为智能控制，效果图如图 6-4-1所示。

图 6-4-1 实物图

任务要求

(1)知道程序流程图及结构；

(2)会编写控制程序。

准备工作

(1)器材准备:单片机电路板一块、DHT 温度采集模块一块、OLED 显示屏一块、直流电机一台。

(2)工具准备:白色 A4 纸一张、作图工具一套、笔一支。

作业流程图

器材准备好后请按图 6-4-2 进行作业。

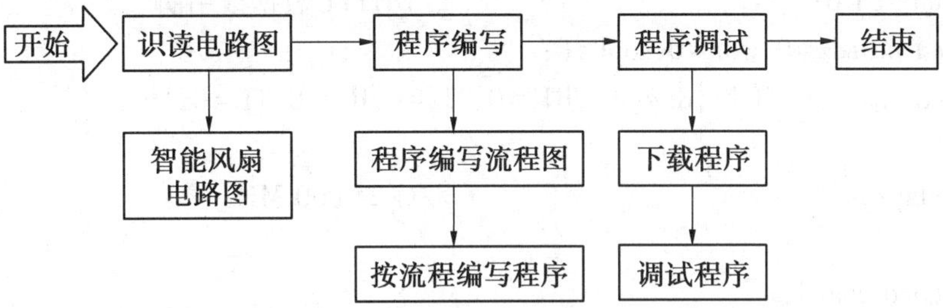

图 6-4-2　任务作业流程图

作业过程

1.编写控制程序

(1)控制 OLED 显示按如下流程执行程序,如图 6-4-3 所示。

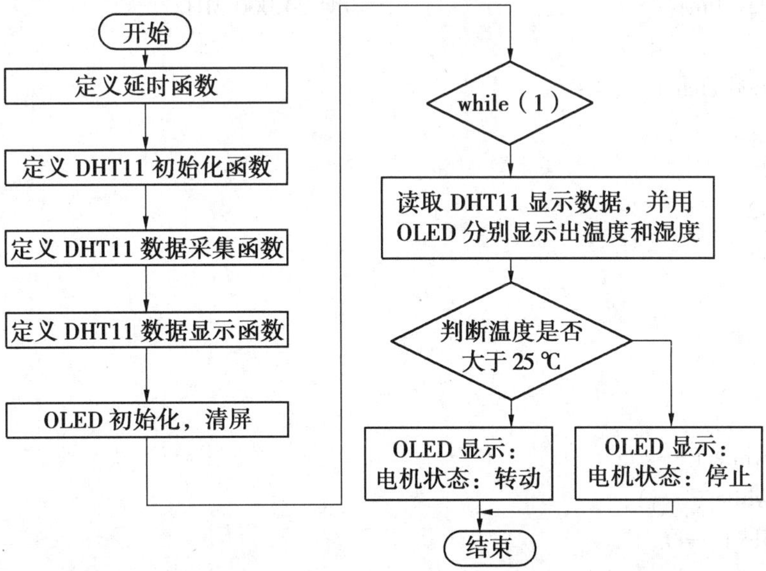

图 6-4-3　程序流程图

(2)源程序:

```
#include "intrins.h"
#include "codetab.h"
#include "LQ12864.h"
#include <math.h>
#define uchar unsigned char
#define uint unsigned int

sbit dianji=P3^6;                               //电机引脚
sbit Data=P1^6;                                 //DHT11 数据线引脚
unsigned int sdz=0,wdz=0,supl=0;
unsigned char tabwd[4],dity[4],RH=0,TH=0,RL=0,TL=0;

void Delay2us()                                 //@24.000 MHz
{
  unsigned char i;

  _nop_();
  i = 5;
  while (--i);
}

void Delay20ms()                                //@24.000 MHz
{
  unsigned char i, j, k;

  i = 2;
  j = 32;
  k = 60;
  do
  {
    do
    {
      while (--k);
    } while (--j);
  } while (--i);
}
```

```
void Delay10us()                        //@24.000 MHz
{
  unsigned char i;

  i = 35;
  while (--i);
}

void DHT11_start()
{
  Data=1;
  Delay2us();
  Data=0;
  Delay20ms();
  Data=1;
  Delay10us();
  Delay10us();
  Delay10us();
  Delay10us();
}

unsigned char DHT11_rec_byte()          //接收一个字节
{
  uchar i,dat=0;
  for(i=0;i<8;i++)                      //从高到低依次接收 8 位数据
  {
      while(! Data);                    //等待 50 μs 低电平过去
    Delay10us();                        //延时 60 μs,如果还为高,则数据为 1,否
                                          则为 0

    Delay10us();
    Delay10us();
  Delay10us();
      dat<<=1;                          //在位移时正确接收 8 位数据,数据为 0
                                          时直接移位

      //if(Data==1)                     //数据为 1 时,使 dat 加 1 来接收数据 1
      //   dat+=1;
      dat |= Data;
```

```
        while(Data);                        //等待数据线拉低
    }
    return dat;
}

void DHT11_receive()
{
    uchar R_H,R_L,T_H,T_L,revise;
    DHT11_start();
    if(Data==0)
    {
        while(Data==0);                     //等待拉高
        Delay10us();                        //拉高后延时
        while(Data==1);                     //DHT 拉高

        R_H=DHT11_rec_byte();               //接收湿度高 8 位
        R_L=DHT11_rec_byte();               //接收湿度低 8 位
        T_H=DHT11_rec_byte();               //接收温度高 8 位
        T_L=DHT11_rec_byte();               //接收温度低 8 位
        revise=DHT11_rec_byte();            //接收校正位
        Delay10us();                        //结束
        Delay10us();
        Delay2us();
        Delay2us();
        Delay2us();
        if((R_H+R_L+T_H+T_L)==revise)
        {
            RH=R_H;
            RL=R_L;
            TH=T_H;
            TL=T_L;
        }
    }
    sdz=((RH/16)*16)+(RH%16);
    wdz=((TH/16)*16)+(TH%16);
}
```

```
void main(void)
{
//Delay1ms2(30);                     //DHT11上电后要等待一段时间,跳过不
                                        稳定期间

   OLED_Init();                      //OLED初始化
   delay(4000);
   OLED_CLS();                       //清屏
   while(1)
   {
       DHT11_receive();
     if((wdz/100%10)==0)             //判断百位是否为0
       tabwd[0]=' ';                 //给百位数组赋值
     else
       tabwd[0]=wdz/100%10+0x30;     //给百位数组赋值
     tabwd[1]=wdz/10%10+0x30;        //给十位数组赋值
     tabwd[2]=wdz%10+0x30;           //给个位数组赋值
     tabwd[3]=0x00;
     OLED_P16x16Ch(24,0,0);          //温
     OLED_P16x16Ch(40,0,1);          //度
     OLED_P16x16Ch(56,0,15);         //:
     OLED_P8x16Str(72,0,tabwd);
     OLED_P16x16Ch(96,0,14);         //℃
     if(wdz>25)                      //温度大于设定阈值打开电机(单位为℃)
       dianji=1;                     //打开电机
     else
       dianji=0;                     //关闭电机
     if((sdz/100%10)==0)             //判断百位是否为0
       dity[0]=' ';                  //给百位数组赋值
     else
       dity[0]=sdz/100%10+0x30;      //给百位数组赋值
     dity[1]=sdz/10%10+0x30;         //给十位数组赋值
     dity[2]=sdz%10+0x30;            //给个位数组赋值
     dity[3]=0x00;
     OLED_P16x16Ch(24,2,2);          //湿
     OLED_P16x16Ch(40,2,3);          //度
     OLED_P16x16Ch(56,2,15);         //:
```

```
        OLED_P8x16Str(72,2,dity);
        OLED_P8x16Str(96,2,"%RH");          //%RH

        OLED_P16x16Ch(0,6,4);               //电
        OLED_P16x16Ch(16,6,5);              //机
        OLED_P16x16Ch(32,6,6);              //状
        OLED_P16x16Ch(48,6,7);              //态
        OLED_P16x16Ch(64,6,15);             //:
        if(dianji==0)                       //判断电机是否启动
        {
          OLED_P16x16Ch(86,6,8);            //停
          OLED_P16x16Ch(102,6,9);           //止
        }
        else
        {
          OLED_P16x16Ch(86,6,10);           //转
          OLED_P16x16Ch(102,6,11);          //动
        }
    }
}
```

2.程序调试

(1)下载程序:将程序下载到芯片中。

(2)调试程序:程序正常后效果如图6-4-4所示。

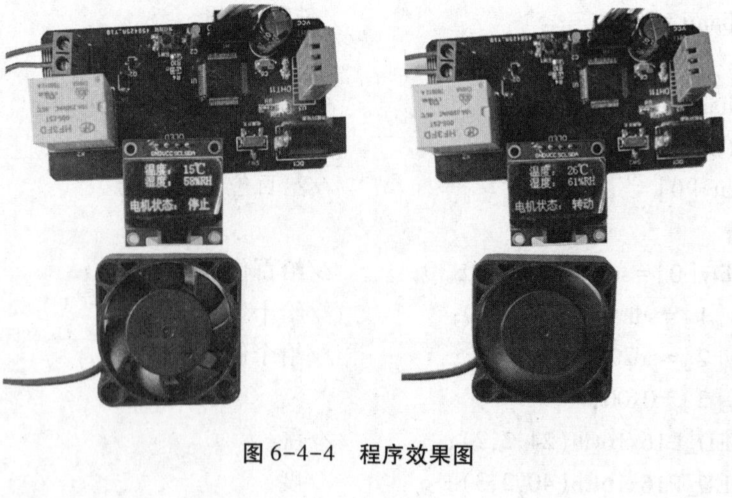

图6-4-4 程序效果图

在这个任务中学会了如何利用环境温度控制风扇工作，实现风扇随环境温度自动工作和停止。

想一想

如果要显示电机转速信息，如何编程实现功能？

做一做

编写显示电机转速信息。

自评

项目内容	完成要求	分配分值/分	完成情况	自评分值
编写程序	程序结构正确	20		
	源程序正确	20		
调试程序	调试程序正确	20		
智能风扇程序	程序结构正确	20		
	源程序正确	20		

知识探究

1.智能家居控制系统

智能家居控制系统（Smarthome Control System，SCS），是以智能家居系统为平台，家居电器及家电设备为主要控制对象，利用综合布线技术、网络通信技术、安全防范技术、自动控制技术、音视频技术将家居生活有关的设施进行高效集成，构建高效的住宅设施与家庭日程事务的控制管理系统，提升家居智能、安全、便利、舒适，并实现环保控制的系统平台。智能家居控制系统是智能家居核心，是智能家居控制功能实现的基础。

2.系统特点

智能家居系统具有如下特点：

（1）系统构成灵活。从总体上看，智能家居控制系统由各个子系统通过网络通信系统组合而成。使用时，可以根据需要，减少或者增加子系统，以满足需求。

（2）操作管理便捷。智能家居控制的所有设备可以通过手机、平板电脑、触摸屏等人机接口进行操作，非常方便。

（3）场景控制功能丰富。可以设置各种控制模式，如离家模式、回家模式、下雨模式、生日模式、宴会模式、节能模式等,极大满足生活品质需求。

(4)信息资源共享。可以将家里的温度、湿度、干燥度发布到网上,形成整个区域性的环境监测点,为环境的监测提供有效、有价值的信息。

(5)安装、调试方便。即插即用,特别适合无线的方式,可以快速部署系统。

3.系统组成

智能家居控制系统主要由以下几部分组成。

1)智能照明系统

智能照明系统主要实现对整个居住空间的灯光的智能控制管理,可以用遥控等多种智能控制方式实现对居住空间灯光的遥控开和关,调光,全开全关及“会客、影院”等多种一键式灯光场景效果;并可用定时控制、电话远程控制、计算机本地及互联网远程控制等多种控制方式实现功能,从而达到智能照明的节能、环保、舒适、方便的功能。

2)智能电器系统

电器控制采用弱电控制强电,既安全又智能,可以用遥控、定时等多种智能控制方式对家中饮水机、插座、空调、地暖、投影机、新风系统等进行智能控制,避免饮水机在夜晚反复加热影响水质,在外出时断开插排通电,避免电器发热引发安全隐患。

3)智能遮阳系统

智能遮阳系统通常由遮阳百叶或者遮阳窗帘、电机及控制系统组成。控制系统软件是智能遮阳控制系统的一个组成部分,与控制系统硬件配套使用,在智能家居系统中,控制软件通常属于智能家居控制主机软件的一部分。一个完整的智能遮阳系统能根据周围自然条件的变化,通过系统线路,自动调整帘片角度或作整体升降,完成对遮阳百叶的智能控制功能,既阻断辐射热、减少阳光直射,避免产生眩光,又充分利用自然光,节约能源。节能控制包括家庭住宅使用的太阳能电池、电器设备;节能、节水及高能效的设备、软件与管理方案;风力发电等。本分类还包括家庭能源管理(Home Energy Management System, HEMS)。

4)远程抄表系统

远程抄表系统采用通信、计算机等技术,通过专用设备对各种仪表(如水表、电表、气表等)的数据进行自动采集和处理的系统。它一般通过数据采集器读取表计的读数,然后通过传输控制器将数据传至管理中心,对数据进行存储、显示、打印。远程抄表主要解决上门入户抄表带来的扰民、数据上报不及时、管理不便等问题。远程抄表在房地产建设项目中的智能小区中与楼宇对讲系统一样,已成为一个标准配置。

5)软件系统

软件系统是指独立于智能家居系统产品厂商的第三方软件。第三方软件企业通过与智能家居系统产品厂商达成底层协议,开展应用层面的合作,开发可控制主流智能家居系统,实现智能灯光控制、智能电器控制、智能温度控制、智能影音控制、智能窗帘控制、智能安防控制、智能遥控控制、智能定时控制、智能网络控制、智能远程控制、智能场景控制等功能的软件。

6)布线系统

智能家居布线系统从功用来说它是智能家居系统的基础,是传输的通道。智能家居布线也要参照综合布线标准进行设计,但其结构相对简单,主要参考标准为家居布线标准(TIA/EIA 570-A)。TIA/EIA 570-A 草议主要是订出新一代的家居电信布线给予现今及将来的电信服务。标准主要提出有关布线的新等级,并建立一个布线介质的基本规范及标准,主要应用支持话音、数据、影像、视频、多媒体、家居自动系统、环境管理、保安、音频、电视、探头、警报及对讲机等服务。

7)网络系统

智能家居系统中的家庭网络是一个狭义的概念,是指由家庭内部具备高性能处理和通信能力的设备构成的高速数据网络。两种最流行的家庭网络类型是无线网和以太网。在这两种类型中,路由器执行大部分工作,负责控制相互连接的设备之间的通信。通过将路由器连接到拨号、DSL 或电缆调制解调器,还可以让多台计算机共享一个互联网连接。许多新型路由器将无线技术和以太网技术结合在一起,并且包含硬件防火墙。家庭网络的常见产品包括计算机、服务器、路由器、ADSL Modem、存储设备。

家庭通信和网络设备,包括智能家居系统,都可通过家庭网络与外界相连。同时,家庭网络中的服务器和计算机具备较强的运算和图形计算能力,可以协助或者协同视频监控系统、家庭能源管理系统完成更强大的视频信息处理和数据运算。

学习领航

智能风扇能根据需要自动控制转速,减少电能的消耗。2022 年 1 月 24 日,国务院印发《“十四五”节能减排综合工作方案》到 2025 年,全国单位国内生产总值能源消耗比 2020 年下降 13.5%。节能减排政策机制更加健全,重点行业能源利用效率和主要污染物排放控制水平基本达到国际先进水平。

学习检测

一、填空题

1.电磁式继电器一般由______、________、________、________等组成。

2.直流电机的结构应由________和__________两大部分组成。

3.OLED 的驱动方式分为__________和____________。

4.传感器包括一个____元件和一个______元件,并与一个高性能____位单片机相连接。

二、作图题

1.请画出使用 P3.0 驱动直流电机的电路图。

2.请画出使用 P1.7 接 DHT11 的电路图。

3.请画出智能风扇端口连接电路图。

三、操作题

1.编写程序控制直流电机调速,实现直流电机速度的改变。

2.编写程序在 OLED 显示直流电机当前速度。

3.编写程序在 OLED 上显示实时时钟。

4.编写程序在 OLED 上显示日期信息。

5.编写程序当温度在 20~26 ℃时打开电机按速度一运行,当温度高于 27 ℃时打开电机按速度二运行,反之关闭电机。

参考文献

[1] 邱丹,曹冬梅.单片机实践教学中 Proteus 仿真技术的应用[J].电子技术与软件工程,2018(21):235.

[2] 韩红.单片机应用技术[M].北京:化学工业出版社,2011.

[3] 张毅刚.单片机原理及接口技术[M].北京:人民邮电出版社,2011.